優しい手としっぽ

捨て猫と施設で働く人々のあたたかい奇跡

咲セリ

カバー＆本文デザイン・ヒキラボ

はじめに

〝障がいを持つ私〟を救った〝病気の猫〟

もうずいぶん前、私が20代のはじめだった頃。

私は、生きている意味がわからず、苦しんでいた。

心の病気を抱え、仕事もできず、人と触れ合うことが怖くてしかたない。

「死にたい」――それが、私の口癖だった。


そんな私のもとに、1匹の黒猫が現れたのは、凍てつくように寒い冬の日のこと。目ヤニと鼻水でぐじゃぐじゃのその猫は、繁華街の路上でしゃがみこんだ私の膝に、まるで、ずっと待っていたかのように登って丸くなった。

放っておけず、動物病院に連れて行った。

すると、そこで告げられた病名は、「猫エイズ」と「猫白血病」。

当時の医学では、治療法のない不治の病だった。


「こんな重い病気の子、心の病気の私では、しあわせにできない……」

尻ごんだ私は、「里親を見つけるまで」との期限付きで、共に暮らし始めることにした。

だけど、その世話は困難を極めた。

何が爆弾になるかわからない病気の猫を前に恐れをなす私と、虐待を受けたことがあったのか、撫でようと手をかざすだけで身を固くする猫。緊張のオーラが部屋中を覆った。

鼻水や下痢の症状も治らず、途方に暮れる毎日だった。

ひとりでは抱えきれず、動物病院や動物愛護団体にも相談をしたことがある。だけど、猫が抱える病気や、それ以上に、私の抱える心の病気のことを話すと、一様に保護したことに眉をしかめられた。

「無責任」――と。

それでなくても生きる気力の乏しい私の心は、日に日に追い詰められていった。

働けないまま、猫の治療費で、どんどん貯金も底をついてゆく。

「一緒に、死んだ方がいいのかな……」

思わず、そんな言葉もついて出た。

人に迷惑をかけてばかり。これから生きていても、何かを生み出すことはない。

ふたりそろって、「いらない命」なのだと。

だけど、猫は生きた。

薬入りのごはんをおいしそうに食べ、少しずつ子猫のようにおもちゃにじゃれつく姿も見せるようになった。それは、私の心をほのかに溶かした。

ある日のことだった。猫は避妊手術をした。

人を恐れる猫。手術もどんなに怖かっただろうと、私は戻ってきた猫を怯えさせないよう、少し離れた位置で、あおむけに寝転がった。

次の瞬間だった。隠れるだろうと思っていた猫が、そろり、そろり、と、私のお腹に上ってきたのだ。

グル……グル……。猫が喉を鳴らす。少し詰まり気味の濁《にご》った鼻息が私のあごをくすぐり、生きている鼓動が伝わった。

胸が熱くなった。

猫が、私を信じてくれている。

そして、思った。

「何もできなくても、命は生きているだけで愛おしい」。


「この猫を、一生守りたい」。そう決意した。

生活費を手に入れるため、私は怖くても、仕事を始めることにした。

自分に自信が持てず、信じることを躊躇《ちゅうちょ》していた恋人とも、勇気を出して籍を入れた。

ふたりで無理をして、猫と共に暮らせる家を「えいやっ」と決めた。

「死にたい」と思っていた私は、「生きる」ための道を進み始めた。

1匹の猫に信頼されたことで。

ただ、それだけで。

私は、前を見た。


忘れてはいけないことが、ひとつある。

私が手当たり次第に動物病院や動物愛護団体に相談をしていた時、ある動物愛護団体のサイトを見つけた。そこにはこう書かれてあった。

「猫エイズなんて怖くない!」

目を疑った。当時、猫エイズは「危険」なものという認識が根深く、それに一石を投じる記事を書くことが、どれほどの勇気を必要とするか想像することができたからだ。

「どんな人が書いてるんだろう……」

導かれるように、私は、自分のこと、猫のことを、そこの掲示板に書きこんだ。

否定されることも想定内だった。だけど、返ってきた言葉は、想像もしないものだった。

「猫ちゃんを、助けてくれて、ありがとう」

はじめての他者からの感謝の言葉。

自分のしたことを肯定してくれる人がいるという驚き。

涙が出た。
「無責任」と言われるような、心の〝障がい〟を持つ私なのに――。

その団体が『LOVE&PEACE Pray』
これからお話しする、後に〝障がいを抱える人々〟と、〝家族を探す猫たち〟を結びつける
就労支援施設を設立することになる、藏田《くらた》和美さんとの出会いだった。

もくじ

第1章

つなぎたい命

▲動物病院に捨てられていた子猫たち

死なないで

「生きてるんやもんな……」

深緑色のソファの上でじゃれ合う2匹の子猫をみつめながら、まっさんは言った。さっきまで寄せていた眉間のシワを目じりに変え、そっと子猫に手の甲を差し出す。

子猫たちは突然現れた節《ふし》くれ立った指先に、一瞬驚いて飛びのいた。かと思えば、すぐに「おもちゃが来たぞ」とばかりに、楽しそうに噛みつく。

ここは、滋賀県大津市にある猫の愛護施設だ。遺棄や多頭飼い崩壊など、様々な事情から保護された猫たちが、50匹近くシェルターで生活している。

シェルターの部屋数は5室。ログハウスを思わせる木の香りのするこの場所では、年齢も模様もそれぞれ違う猫たちが、やがて出会う新しい家族を待っていた。

◀定期的に行う猫を助けるためのバザー

一般的に、愛護施設と言えば、猫たちのお世話をボランティアさんが行うことが多い。だけど、ここは一風変わっている。

「猫の愛護施設」であるだけでなく、「人の障がい者就労支援施設」にもなっており、心の病気や障がいなど、何らかの事情で働けない人たちが、一般の職に就くまでのトレーニングに、「仕事」として「猫のお世話」をしているのだ。

勿論《もちろん》、わずかではあるが給金も出る。数ある動物愛護団体がボランティア不足にあえぐ中で生まれた、私が知る限り全く新しい試みだった。

立ち上げたのは、「はじめに」でも触れた、藏田《くらた》和美さん。

長年続けてきた猫の命を救う活動だけでなく、今度は、生きることが苦しい人にも手を差し伸べることができないかと、何年もかかって考え抜いた末のスタートだった。

▶シェルターに人が来ると、ごきげんな猫たち♪

就労支援施設と言っても、パッと見ると、築年数30年ほどの普通の民家だ。玄関先には青々とした蔦《つた》が絡まり、白い小さな花が連なるように植えられている。

扉を開けると、そこは10畳ほどのリビングルーム。カーペットの上に座卓を2台並べたその部屋では、まるでどこか大家族の家の昼下がりのように、テレビではとりとめもなくワイドショーが流れ、心の病気や障がいなどを抱える人たちが、常時数名、それぞれにくつろいでいる。

何かを食べている人もいれば、疲れて横たわっている人もいる。仕事をするための就労支援施設とはいえ、そんな状態を咎《とが》める人はいない。ありのまま、らくにしていればいいと、代表の和美さんは言う。

まっさんもその内のひとり。彼は50代前半の小柄な男性で、知的障がいと心の病気を患っている。

毎日、目が覚めたら、何をするより先に涙を落とす。

そして、四六時中「死にたい」と思いながら、日々を

◀怖いものなんてない子猫たち

生きているのだという。

「せやけど、死んだら終わりやもんな……」

子猫の頭を指で撫でると、自分を納得させるように、聞こえないほどの声でそう言った。そして、すぐ隣のダイニングルームのイスにもたれかかる。薬と病気のせいで、疲れやすいのだ。

子猫が4匹、この施設にやって来たのは、2週間ほど前のことだった。動物病院の前に、お取り寄せ野菜のダンボール箱に入った状態で捨てられていたのだという。

黒猫、キジトラ、サビ、三毛猫……。まだ生まれて1週間ほどだろうか。ようやく目が開いたばかりという小ささで、声が枯れそうになりながら、夜通し「ニイニイ」と鳴き叫んでところを、朝、出勤してきた医師が見つけた。

残念ながら、病院では引き取ることができない。和

▶はじめて触れる、あたたかな人の手

美さんは、迷った末、保護を決めた。

　突然の子猫の出現に、施設の皆は、一様に驚いた。まだ施設に来て間もない、猫と触れ合ったこともない人もおり、どう子猫と接していいのかもわからない。箱の中の子猫が動くだけで、おっかなびっくりだ。

「こんな小さいのん、死んでしまうんとちゃうか…」

　誰かがぽつりとつぶやき、夜の海に投げた小石の波紋ように、心細い不安が伝染する。

「大丈夫！　皆、おんねんから」

　和美さんがはっぱをかけても、皆心配そうだ。

　最初の授乳は和美さんが受け持った。和美さんは、これまで何十匹もの子猫を育て上げた経験もあり、子猫育てのスペシャリストだ。

　とは言え、和美さんは考えた。自分は代表としての仕事があり、子猫につきっきりになれるわけではない。自分以外にも、子猫にミルクを飲ませられる人を育てなければ。子猫の授乳は、基本的に2時間おきにする

◀優しくしてくれることを知った

のだ。

そこで選ばれたのが、施設に来て一番期間が長い、さやちゃんだった。さらさらのストレートヘアでふくよかな笑顔が魅力の彼女だが、アルコール依存症に苦しんでいた。

他のスタッフが週3日程の勤務のところ、さやちゃんは、私が取材していたその日、9日連続で施設を訪れていた。

さやちゃんは言う。

「毎日、ウィスキーを一瓶飲んじゃうんです。で、家を壊すほど暴れたり、知らん間に人を呼びつけたり、起き上がれんと寝てばかりいたり、何もできひん。だから、飲まないために、ここに来てるんです」

子猫のミルク係に指名されて、さやちゃんは困惑した。これまで、こんなに小さな猫と接したこともなければ、ましてやミルクなんて飲ませた経験もない。

▶生きるため、懸命にミルクを飲む

「とにかく、こわかった……」

その時のことを思い出すように、さやちゃんは、恐ろしそうに首を振る。それでも和美さんは諦めなかった。不安がるさやちゃんに、丁寧に子猫を受け取らせ哺乳瓶を握らせる。

「そう。子猫を四つん這いにして」

「だめ！　もっと哺乳瓶を上にしないと、喉に詰まってまう」


普段は、さやちゃんが、どんなミスをしても笑って受け入れる和美さんだったが、授乳に関しては人が変わったように厳しかった。命がかかっているのだから、当然と言えば当然のことなのかもしれない。

さやちゃんは、必死で言われたとおりに哺乳瓶をくわえさせた。子猫は、嫌がるように身をよじる。逃げないようしっかりと支え、包み込むように優しく。

さやちゃんは、額に汗を浮かべながら、授乳をした。

◀お膝の上が安心できる場所

「飲んだ……！」

コツを掴んだのか、子猫がごくごくとミルクを吸っていく。周りで見守っていた皆も、止めていた息をようやく吐き出せた。


ミルク係になったさやちゃんだったが、実は、けっして猫が好きというわけではなかった。就労支援施設を探していて、偶然にもここにたどり着いたのだ。

だからなのか、彼女は和美さんと共に、動物愛護センター（保健所）での殺処分のセミナーに行った時、帰り道で思わず言葉を漏らした。

「私、猫のこと、皆みたいに好きじゃないかもしれへん……」

セミナーでメモを取る熱心な人たちに比べて、自分の思いが劣っているように感じたのだ。

立ち止まった交差点で、信号機が鳥の鳴き声のような音を発している。

▶大人の階段を上って、水を飲む

「そんなことない、さやちゃん。さやちゃんは、猫が好きじゃなくても、命を大切に思ってるんよ」

　和美さんの言葉も、彼女の耳を素通りする。もしかすると、「殺処分」という現実を直視することがつらかったのかもしれない。彼女は、人一倍繊細な感性を持っていた。

　さやちゃんはその日、それ以上、何も言えないまま、俯《うつむ》いて帰路についた。

　それでもさやちゃんは、毎日子猫にミルクを飲ませ続けた。

　さやちゃんが休みの日は、勿論《もちろん》、和美さんがお世話してくれるのだが、さやちゃんは家にいる間も、それこそお酒を飲む余裕もなくなる程、心配でしかたがなかったという。

「子猫、大丈夫？」

　１日に幾度となく、和美さんに電話をかけた。休み明けに扉を開けて、子猫が生きている姿を見ては、体

▲甘噛みは信頼の証

が崩れ落ちるほど、ほっとする。そして、お湯を沸かし、猫用ミルクを丁寧にこしらえるのだ。

どのくらい、そんな日々が続いただろうか。セミの鳴き声もまばらになってきたある日、さやちゃんは子猫にミルクをあげながら、ぽつりと和美さんに聞いた。

「……これができるようになったら、殺処分は減るん?」

「え?」

「ミルクを飲ませられるようになったら、死ぬ子は減るん?」

和美さんが、かつて、子猫にミルクを飲ませる「ミルクボランティア」が増えれば、捨てられた子猫たちを救えるという話をしたからだ。現在、殺処分を受ける猫の7割以上が、生まれたばかりの子猫だ。

和美さんの表情が明るくなり、和美さんはさやちゃんの肩を優しくさすった。

「そうやで、さやちゃん。さやちゃんが授乳できるよ

▼お腹だけ白いのがチャームポイント

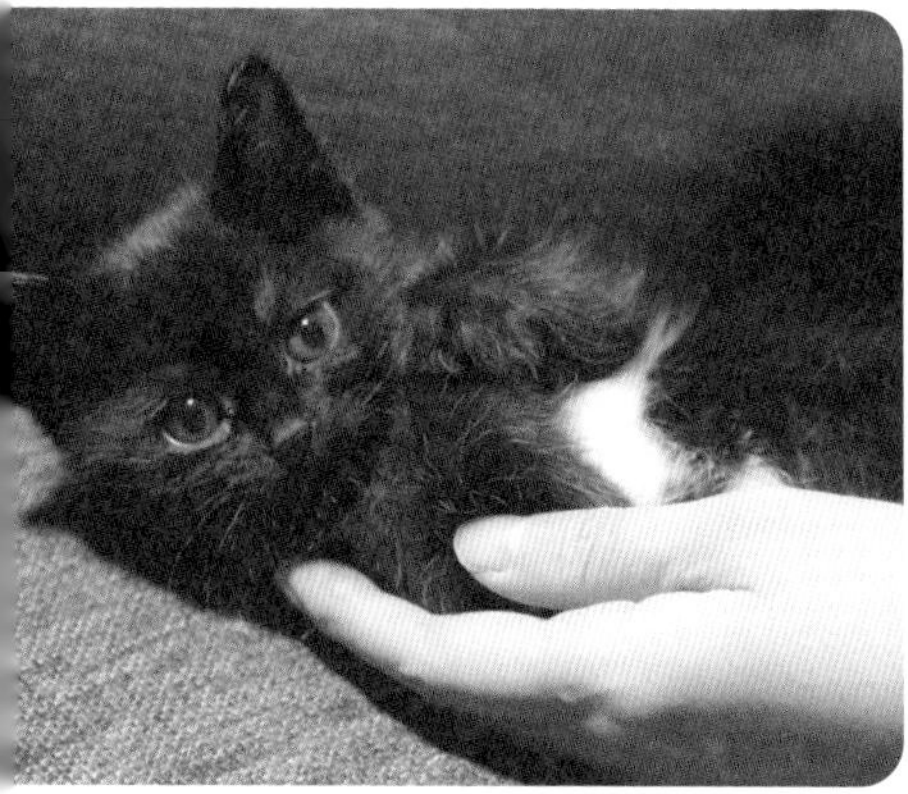

▼一緒に遊ぼう♪

うになって、この子らは救われてるねんで」

和美さんがほほ笑むと、さやちゃんは、何かを考え込むような顔で、「そうか……」と子猫を見た。子猫は、さやちゃんの視線には気づかず、無心に哺乳瓶を吸っている。不思議なもので、必死でミルクをあげている時は、お酒のことをすっかり忘れることができた。

猫を「かわいい」と思っているかと聞かれると、よくわからない。だけど、目の前にいる命に消えてほしくない。生きて、しあわせになってほしい。

そう噛みしめるさやちゃんの鼻を、ふわりと、ミルクのにおいがくすぐった。

捨てられた者同士

そんな子猫を隙あらば抱きしめて放さないのは、つい1週間前に就労支援施設のメンバーに仲間入りしたばかりで、眼鏡がトレードマークの西さんだ。彼は和気あいあいとくつろぐ皆の中で、ひとりでふさぎ込んだ表情をしている。

「僕は、福祉に捨てられたんですわ……」

抱きしめた子猫をそっと撫でながら、その優しいしぐさとは裏腹に、口惜しそうに彼は話す。

これまで7軒の就労支援施設を転々としてきたという。どの職場も長続きしなかったのは、自分の意思ではなく、毎回、無理やり退職に追いやられてしまうからだ。

「何が原因だったんですか?」

そう聞く私に、彼は投げやりに答えた。

「どこも、いじめですわ。ある織物会社に勤めてた時も、

◀抱きしめる、優しい手

どんどん皆冷たくなって、最後には、〝ここに、おまえの居場所はない！〟って怒鳴られて、そのままクビになったんです」

他の仕事でも同じように、何をしたわけでもないのに、西さんは理不尽な扱いを受け続け、解雇された。やがて彼は、人という人を信じられなくなった。

福祉という「人を受け入れる場所」のはずなのに、なぜこんな目にばかり遭わなければならないのか。福祉とは名ばかりで、どうせどこに行っても自分は見捨てられるのだろう――。失望と絶望が西さんに積み重なっていった。

それでも「自分には生きている価値がある」と実感するために、働きたい。だけど、どこも働かせてもらえない。

そのうち自分は社会に必要とされていないのだと追い詰められ、ふらふらと線路の前まで行ったことも

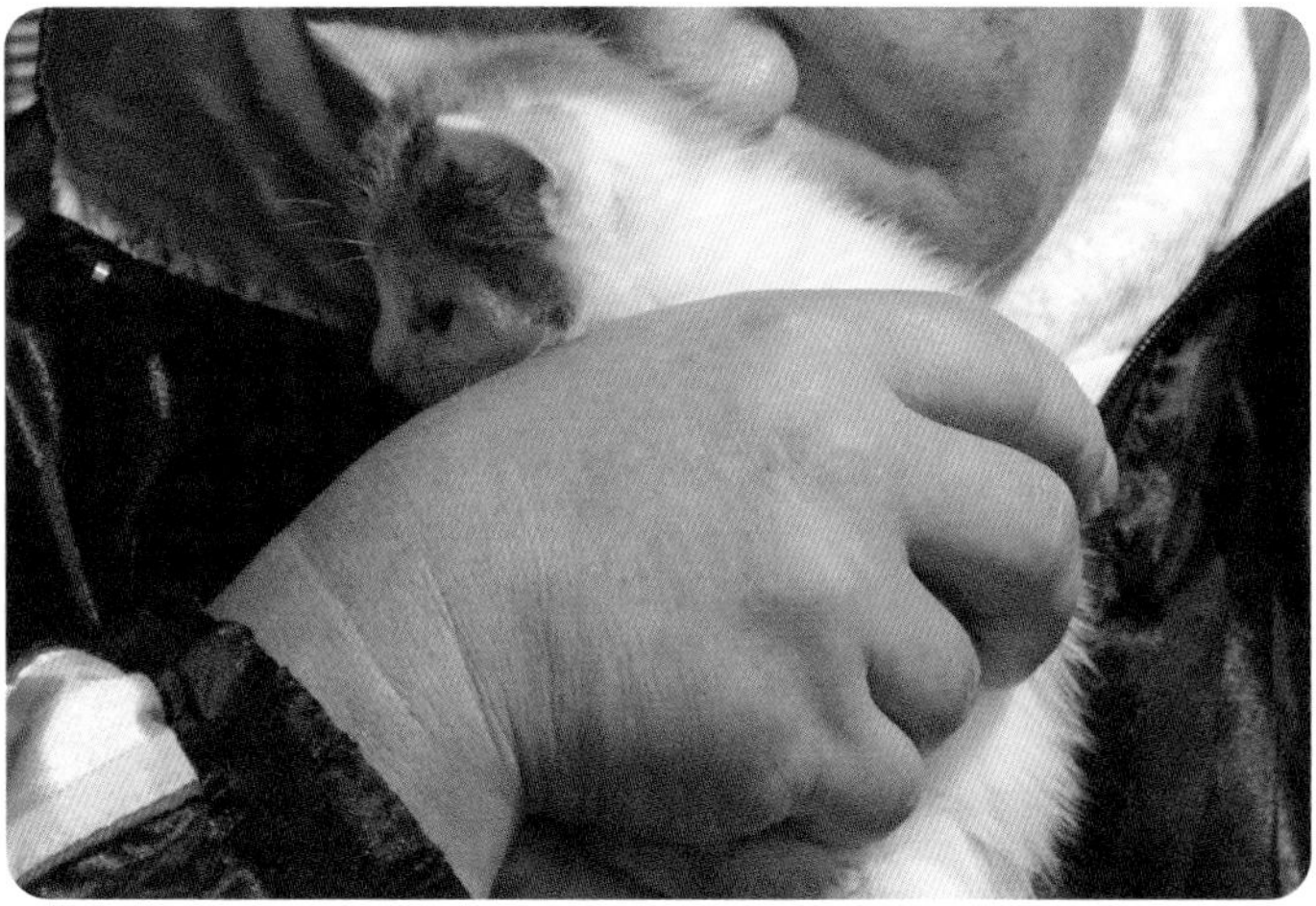

▶頬ずりしたくなるほど、愛しい

あったそうだ。コンビニエンスストアの斜め向かいの踏切。仕事帰りだろうか。OL風の女性たちがホットコーヒーを片手に楽しそうに談笑している。

彼女たちが踏切を渡った後も、西さんは取りつかれたような顔で、上下する遮断機を見つめていた。道行く人たちが、動かない西さんを横目に、気づかないふりをして通り過ぎる。

「この子らと会わんかったら、今の僕はいませんわ……」

ある時、西さんは別の福祉施設で、この場所のことを聞いたのだという。

元々特に猫が好きというわけではなかった。だけど、導かれるように、やってきて、子猫たちと出会った。

握りしめたらつぶれてしまいそうなほど、もろく、小さな命。

そして——自分のように、身勝手に「捨てられた」命。

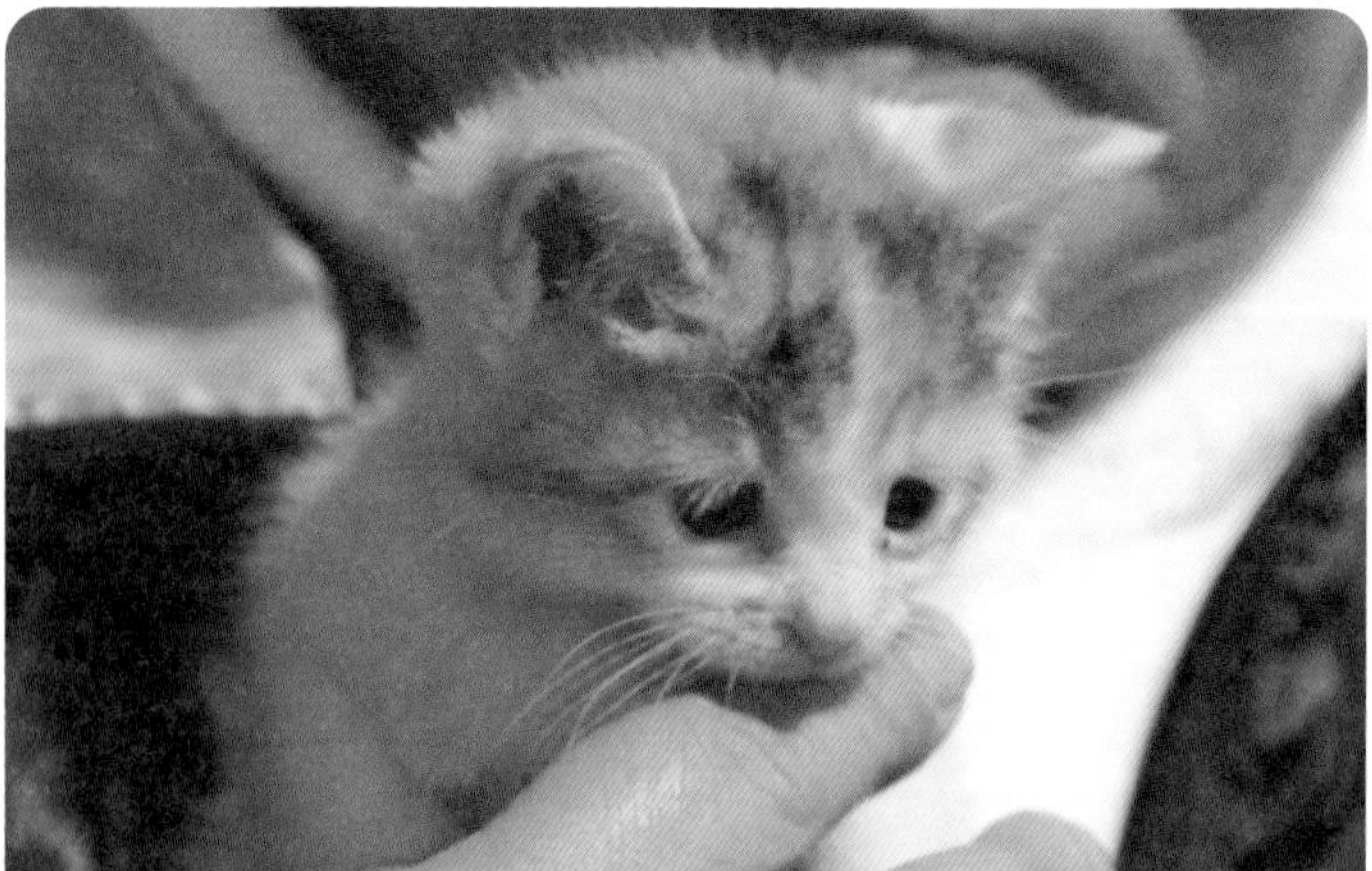
◀人が猫を救い、猫が人を救う

「僕と、この子らは同じや……」

手のひらに乗せられた柔らかなぬくもりに、これまでため込んできた涙が止まらなかった。

西さんは、その日から子猫に夢中になった。人間に捨てられたというのに、子猫は人を怖がらない。捨てられたことさえ知らずに、懸命にミルクを飲む。おしっこをするたびに西さんは驚き、うんちをするたびに「ちっさいのに、すごいなあ」と、西さんは感嘆の声を漏らした。

生きている――捨てられても、なお迷いもなく。

「この子らだけが信用できる。この子らが、一番大事……」

何度も繰り返す西さんに、私は小さな違和感を覚えた。子猫が大事だというのは嘘《うそ》じゃないだろう。でも、大事にしてほしいのは、自分も同じ。いや、むしろ、

▶生まれてきて、生きていく

西さんの方が愛に飢えているように思えたのだ。

壊れたテープレコーダーのように「捨てられた」という言葉を重ねる西さんは、子猫をなでながらも、呪《じゅ》詛《そ》のように呟く。

「なんで捨てるんやろ。捨てた人は、捨てられた方がどうなるか考えへんのやろか。捨てられた方は、ずっと傷ついてるのに……」

その時だった。ふいに抱かれていない子猫の一匹が、もう一匹の子猫を強く噛んだ。噛まれた方が、「ぎゃ」と小さな声を上げる。

西さんは顔を歪めた。

「ほら……、これも捨てられた傷ですわ……」

その思い込みの強さに思わず閉口した。西さんにとっては、ネガティブな行動のすべての根が、「捨てられた」という一言に結びついているようだった。

濁《にご》った眼で、子猫の向こうにいる「誰か」を睨みつ

◀ケンカごっこ!

ける西さん。けれど、子猫たちはそっちのけでおいかけっこを始めた。ズダダダダと、物凄い音を立てながら、ソファを飛び交う。

「ああ……」

　西さんが、ため息にも似た声を漏らす。これも「捨てられた傷」になるのかと心配になったが、西さんは、さっきまでの憑き物が落ちたかのように穏やかに言った。

「おお、また、やっとる」

〝おいかけっこは、子猫なら誰でもする〟と、すでに和美さんに教えられたのかもしれない。転がりまわる子猫たちを、彼は、愛おしげな表情で眺めた。西さんの腕の中の子猫も、さっきから混じりたくてうずうずしているが、彼は放せない。

　子猫たちのおいかけっこは、いつまで経ってもなかなか終わらない。おいつくと、お互いを甘噛みしあっ

▶スリッパに隠れて、飛び出すよ！

て、小さな足で、けしけしと蹴る。やがて、メモを取っていた私のボールペンにも飛びついて、皆で転がし、机の下まで持って行ってしまった。

困っていると、くすくす笑いながら、西さんが耳打ちする。

「大丈夫。もうすぐですわ」

「え？ 何が？」


「寝ますよ、この子ら」

西さんは指さすが、私はぴんとこない。

「え？ こんなに元気なのに？」

ところが、彼の予想通り、やがて子猫たちは、突然スイッチが切れたように、そのまま折り重なって、すやすやと寝息をたて始めた。

天に向けたお腹が、ゆっくりと上下している。

西さんは、抱いていた子猫をそっと他の子たちの間に置いた。すると、自分でしたことながら、彼は途端

◀テンションが上がる子猫たち

に不安げに、居場所を失くしたような顔になる。

何軒も職場を失った彼は、「猫の世話をする」ということ以外で、この場所に、「自分がいてもいい理由」をまだ見つけられないのだろう。

何かの役に立っていなければ捨てられる――そんな呪縛が西さんに絡みついているように見えた。だからこそ、シェルターでの仕事を彼は人一倍、がむしゃらに取り組んだ。取材をする私に、事細かにここでの仕事について説明してくれたのも西さんだ。猫を通じて、「人」とつながれている気がした。

「この子たちを、どうしてあげたいですか？」

西さんの子猫への執着とも呼べる愛情が気になった私は、いつか来る「別れの日」を意識して、彼に尋ねた。

西さんは、突然開けられた扉の向こう側に戸惑った思いで目を向け、息を吸うと、覚悟するように言った。

「里親を見つけてあげたいです」

▶ぐっすり眠って、猫だんご

「里親を……」

その言葉は、ほんの少し、愛護施設という場所で繰り返された決まりゼリフのようにも聞こえた。

そのあと、彼は唇を噛みしめて言った。

「そして、もう二度と捨てられない場所で生きてほしい」

赤らんだ目で、子猫たちを見つめる。本当は誰よりも、自分自身に向けてそう願いたいだろう彼は、子猫たちのために、その切なる祈りを託した。

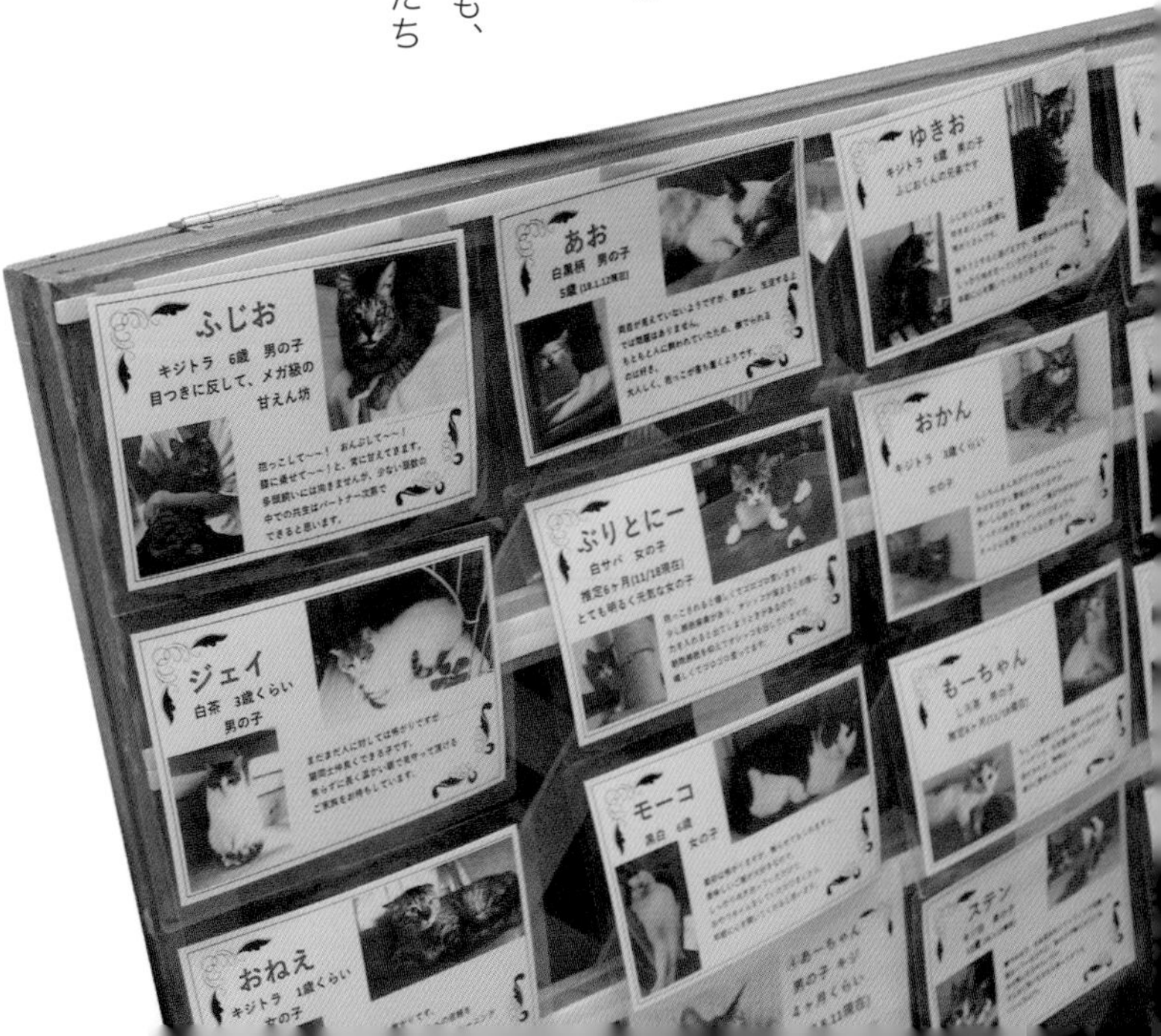

第2章

明日、猫に会いたいから

「人」が怖い「人」

午後になって、事務所の扉を叩いた人がいる。もう一般の職に就き、半卒業生となった立花さんだ。近いうちに還暦だという彼は、細身な体でほとんどが白髪。リビングに座ると、代わる代わるやってくる猫を膝に乗せて、染みついたくせのように、片手でその子たちを撫でている。

パッと見では、どこにでもいる優しそうなおじさん。だが、彼は「対人恐怖症」と「不安障がい」、「ディスレクシア(読み書きが困難な障がい)」を抱えていた。立花さんが、シェルターに来たのは、5年前。まだ、就労支援という形ではなく、ボランティアとして募集をしていた頃だ。同じように生きづらさを抱える知り合いが通っていることを知り、動物が好きだった立花さんも「行ってみようかな」と思ったのだと言う。

私は、立花さんのお話を聞きたくて、和美さんと共にカフェに向かった。立花さんは物静かな口調でコーヒーを注文し、私と目が合うとさりげなくそらす。けれど、隣の和美さんはわれ関せずで、蜂蜜のかかったパンに興味を示した。

「これも頼もうや、立花さん。私も食べるから、半分こしよう」

立花さんが頷く間もなく、和美さんは、マスターに元気に手をあげた。シェルターをはじめて訪れた立花さんを迎えたのも、そんなあっけらかんとした和美さんだったという。自分よりも背丈が高く、声も動作も人一倍大きい。和美さんは、対人恐怖症でおとなしい立花さんとは正反対の明るさとハイテンションで、立花さんの来訪を喜んだ。

「来てくれて、ありがとう！」

和美さんは、まるで立花さんを食わんばかりの勢いだ。これには、立花さんも内心では、少しひるんだという。

初対面の人が怖いという立花さん。最初は伏し目がちで、和美さんの目を見ることもできなかった。聞こえないほどの声で、絞り出すように言う。

「すみません。緊張してます……」

和美さんはおおらかに笑いながら、立花さんの背を軽くたたく。

「大丈夫。誰でも、する！」

ボランティア活動は、想像していたよりも大変だったと、立花さんは話した。最初のうちは、立花さんと紹介してくれた知り合いのふたりがかりで、その作業にあたった。当時、シェルターの部屋数は5部屋。そこに50匹近くの猫たちが、新しい家族を待ちながら暮らしていた。

日常のボランティア活動ですることは、猫たちにごはんをあげること。猫用トイレの掃除をすること。部屋の掃除をすること。洗濯物をすることなどだ。

▲おそろいの柄

言葉にすれば簡単そうに聞こえるが、実際に行うと、朝の9時に来て夕方前に終わるかどうか。一般の仕事に就くのと大差のないハードさだった。しかも、几帳面な立花さんは手を抜くことができない。掃除をしていても、見えないほどのほこりまで気になり、床も端っこまで丁寧に拭いた

「何より大変だったのは、猫用トイレの掃除やった……」

立花さんは、思い出すように視線を彷徨《さまよ》わせながら話す。

シェルターにある猫用トイレは、合計20個。おしっこを吸い取るペットシーツを新しく取り換えなければいけないのだが、50匹もいる猫たちだ。来るたび、シーツはびしょびしょにおしっこがしみ込んでしまう。しみ込み切れなかったおしっこが、今にもこぼれそうなほど溢れ、重くなっている。それを、こぼさないよう、こぼさないよう、注意してごみ袋に入れるのだが……。

「そう思うほど、バシャーッとこぼすねん」

立花さんは、そのたびにやりきれず肩を落とした。そして、絶望的な気持ちが襲ってきたという。

立花さんは不安障がいの特性上、疲れがたまると不安症状が出てしまう。心がざわついて、動悸《どうき》が止まらない。息ができな

▲トイレを変えるのも興味津々

い。悪いことばかり考え、ネガティブな想像がこびりついて離れなくなってしまう。そのため、立花さんはある時、猫のトイレ掃除の途中で、放り出して帰ってしまったこともあった。

「怒られるんじゃないだろうか」。

そう心配しながら、次の日に恐る恐る扉を叩くと、和美さんは何でもないことのように受け入れた。

「全然オーケー。体調、大丈夫？」

和美さんは、「いいところ」も「できないことがあるところ」も受け入れて、共に成長していければと思っていた。困ったところがあったからと言って、怒ったり突き放したりすることは違う、と。

立花さんは、そうした和美さんの対応で、罪悪感と自分への否定感が少し和らいだという。

シェルターの猫たちの性格は、さまざまだった。近づいてくる子もいれば、「シャー！」と威嚇《いかく》し、怒る子も勿論《もちろん》いた。

「近づいてくれるのは、やっぱり嬉しかった。ただ、怒ったり怯えたりしている子には、どうしたら近づいてくれるかなあと思った」

立花さんは、どうすれば猫たちが皆リラックスしてくれるか、いつも考えていた。そして行き着いた先は、「自分が、まず自然体でいよう」ということだった。ボランティアに来ているのではなく、家で飼っている犬に接するように。そう心がけて立花さんは猫たちに話しかけていった。

1匹1匹、優しく名前を呼ぶ。

「元気かー?」

「怒ってるんか。おっちゃんのこと、こわいな。ごめんな」

話す内容はその都度、思いつきだ。立花さんが話すというより、猫の話を聞く——その時の気持ちを読み取るように心がけた。反対に、時には自分の話を猫たちにすることもあった。人には話せないことも、猫には素直に打ち明けられる。

ボランティア活動は大変だったが、生きづらい日々の中に楽しみができた。

「生きがい、みたいなもんかもしれへん」

隣で和美さんが、静かに下を向いて、頬を和らげる。

カランコロンと小さく鐘の音がして、カフェに新しい客の来訪を告げた。私たちは一瞬、そちらを気にしたが、メニューを覗き込み、新たな話に向けて新しい飲み物を注文した。

▲掃除機はキライ

▲一番大きな猫トイレ

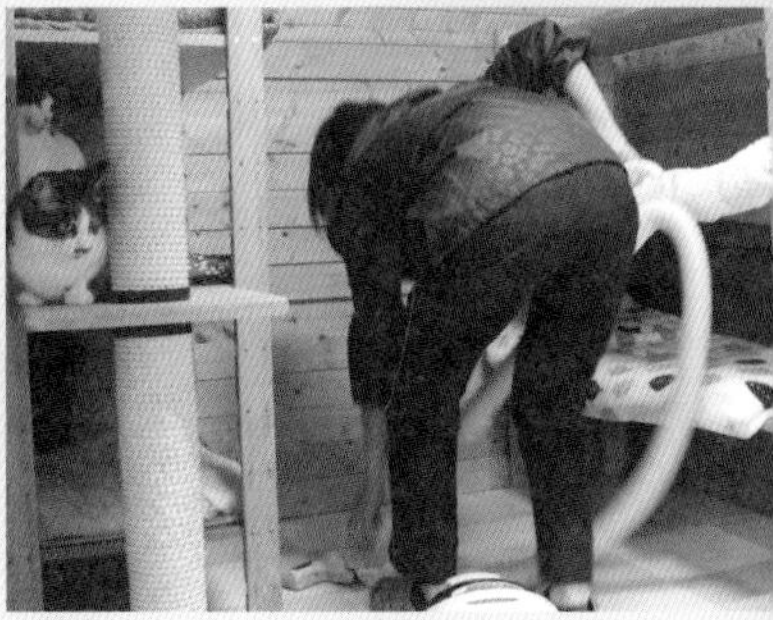

▲健康のために、いつもきれいに

自分を愛してくれた猫たち

立花さんが最初に仲良くなったのは、白黒のブチ柄のある「カッパ」と名付けられた猫だった。立花さんがシェルターに来たときにはすでに白血病を患っており、そのせいでガリガリに痩せていた。そのうえ、口蓋裂《こうがいれつ》（口と鼻がつながってしまっている障がい）で、ごはんを食べていてもそれが鼻に入って、むせてしまう。常に鼻水をたらし、咳をしていた。それでも頑張って、ごはんを食べる。

それまで、ペットショップなどでかわいいだけの猫を見てきた立花さんは、ショックを受けた。

「かわいそうやった……」

思い出したように、立花さんは眉間にしわを寄せて俯《うつむ》く。

「カッパは何も悪いことなんてしてへん。それやのに、なんでこんなにも沢山の苦しみを背負わなあかんのか。普通の猫が普通にできることを、こんなに努力せなできへん。それが不《ふ》憫《びん》でしかたなかった。もしも神様がいるんなら、どうしてカッパにだけ、こんな重荷を与えたんか……」

その身を割くような愛情が通じたのか、カッパは立花さんにとりわけ懐《なつ》いた。シェルターの部屋に入ると、今にも倒れそうな体を支えながら、立花さんのもとによたよたと駆け寄り、体をすり寄せて甘えてくる。フゴフゴと咳き込みながらも、一心に。

「そんな姿は、愛しくて、たまらなかった」

けれど、それと同時に心も痛む。カッパの病気を治してあげたい。どれだけそう思っても、自分にはできない。ただ、今という時が、少しでも楽でいられるよう、立花さんは、優しく、優しく、カッパを撫でた。カッパはしあわせそうに目をつむる。ゴロゴロ……と、心地よさそうに喉を鳴らした。

しかし、立花さんの思いもむなしく、カッパはどんどん痩せ、症状は悪化していった。見かねた他のスタッフが、看取りを覚悟で自宅に連れて帰ることを決めた。

その時の気持ちを立花さんに尋ねると、立花さんはしばしの沈黙の後、こう答えた。

「寂しかったけど……良かったと思った。僕がシェルターに来られる日は限られてるから。僕がいない間、カッパが孤独にシェルターにいるより、スタッフさんに見てもらった方が安心やし……。僕の分も、スタッフさんにいっぱい撫でてもらえたらええなあと思った」

そう言って、納得させるように頷いた。

立花さんにとって、仲良くなった猫とのはじめての別れだった。

次に仲良くなったのは、その後に入所してきた「ふじお」だった。

▲見返り美人？

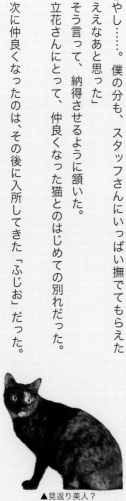

ふじおは、高齢の方が飼っていたが、その方が亡くなり、ひとりぼっちで家に取り残された。最初は、娘さんご夫婦がごはんだけを与えに家に通った。しかし片道1時間近くかかる道のりだ。2年が経つ頃には、さすがに厳しくなって、シェルターにSOSを出した。

2年間、ひとりきりで寂しかったのだろう。お世話に入った立花さんを見るなり、ふじおは猪突猛進で飛びついてきた。離れていても聞こえるくらいの大きな音で、喉を鳴らす。それは、「もう二度とひとりにしないで」と言っているようだった。

常に寂しがり屋で人恋しがるふじおだったが、中でも立花さんには人一倍懐いた。座っていれば膝に乗り、立っていればケージの上からジャンプして、立花さんの肩に飛び乗る。

大柄なふじおは、立花さんの細い肩の上ではぐらぐらと揺れる。落ちそうになるたび、「降りるもんか」というふじおの爪が、肩にぐっと刺さる。

「痛い、痛い、ふじお」

「掃除のじゃませんとってー」

冗談交じりに立花さんは言うが、ふじおは気にしない。拭き掃除で四つん這いになっていたら、背中にお馬さんごっこをしているように乗って、一緒に移動する。休憩でお弁当を食べている時もどっしりと膝に乗り、片時も離れない。

その光景は縁側で猫とくつろぐ、ごく普通のしあわせそうなおじさんを彷彿《ほうふつ》とさせた。しかし、立花さんのこれまでの人生はその光景からは想像もできないくらいに厳しく、悲しいものだった。

▼本当は甘えたい？ 控えめな子・ぴの

▲お膝、大好き！

▲カメラ目線がお上手なホア

文字が読めない、友達もいない

１９６０年。立花さんは、鹿児島で生まれた。場所は山間の静かな村だった。周りには一面、田んぼや畑が広がっており、老人が荷車を押しながら、ゆっくりと歩いている。雨が降れば、湿った土の匂いが寝ている立花さんの部屋を優しく包んだ。

実家も、農業を営んでいた。

「両親のことは、ふたりとも嫌いだった」

立花さんは、表情を険しくする。何かにつけて、幼い立花さんをどなりつける母。父は、毎日、酒を２升飲み、酔うたび母に暴力をふるった。四六時中、罵声の飛び交う家の中で、立花さんは怯えながら過ごした。

小学校は、４キロ離れたところにあった。ほとんど誰ともすれ違わない田舎の道を、立花さんは毎日早起きして学校に通った。しかし、しだいに通うのが難しくなった。距離が原因ではなく、学校は立花さんにとって、楽しい環境ではなかったからだ。

最初に、自分が人とは違うことに気づいたのは、小学校に入ってすぐのことだった。自分の名前を書くことができなかったのだ。

今と違い、当時の教師は厳しく威圧的な人が多かった。教師はノートを目の前に固まる立花さんに「書け！」と、どなりつけた。けれど、立花さんにはどうすることもできない。文字を見せられても、踊っているように見えて、どこにどの文字があるかわからない。書き写そうとすると、どの文字のどこを写していたかわからなくなってしまう。

それだけではなかった。立花さんは計算もできなかった。記憶が曖昧なため、足し算などの単純な計算も困難だった。それは学年が上がるにつれ、顕著《けんちょ》になっていった。当時、それを「障がい」だと知る人はおらず、立花さんは劣等生のレッテルを貼られた。

そのうえ、立花さんはいじめも受けた。授業中、後ろからクラスメイトに思い切り蹴られるのだ。遊び半分ではなく、体が前に倒れ、背中に痕がつくほどに。立花さんが喋れずにいると、いじめはどんどんエスカレートしていった。同級生にはいじめられ、教師にはどなられる。

「どうして、自分はこんな目にあうのだろう……」

立花さんは、毎日、唇を噛みしめた。怖くて、情けなくて、しかたがなかった。

中学に上がると、ほとんど学校には行かなくなった。中学校の教師は竹刀を持っており、どなるだけでなく、今なら体罰と言われることも平気で立花さんに与え、日に日に追い詰められていった。

ある朝、耐え切れずに家を出て、そのまま学校には向かわず、山に行った。そこで、あけびや椎茸を採り、焼いて食べる。湿った地面に枯葉を集め座り、木々の隙間から空を仰いだ。椎茸を焼いた細い煙が天高く吸い込まれていく。ただじっとしていると、立花さんのスニーカーの上をアリが蝶の死骸を運びながら、またいでいった。彼らしか話し相手がいなかった。それでも、自然に囲まれた誰にも見つからない場所で、鳥のさえずりを聴きながら過ごすことで、立花さんは何とか自分を保つことができた。

結局、出席日数ぎりぎりで、かろうじて中学校を卒業したが、高校には進学しなかった。

その後、家業を継ぐという名目で、家の畑や田んぼを手伝うことになった。

朝早くからたたき起こされ、土を耕し、野菜についた虫をひとつずつ取っていく。じりじりと日差しの照りつける中、汗を滴《したた》らせながら、立花さんは必死で作業に取り組んだ。けれど、やはり両親とは折り合いが悪かった。立花さんが何か失敗をするたびや、何もない時でもどなりちらされ、侮蔑《ぶべつ》の言葉を投げつけられる。

立花さんは日を追うごとに強い不満を募らせていき、我慢の限界に来ると、バイクで街までツーリングをした。そう聞くと、仲間と一緒に走る不良のように聞こえるが、彼はいつも、ひとりだった。

「友達は、いなかったから……」

立花さんは、ぽつりと漏らす。小学校でいじめを経験してから、友達を作れない。自分から話しかけたり、心を開いたり、そんなこと自分には到底できるはずがない。

「だから、猫ってすごいと思う。こんな自分にも、心を許して、信じてくれるから……」

そう言うと立花さんは、ぬるくなったコーヒーを、もう一度かき混ぜた。

▼なでて、なでて！

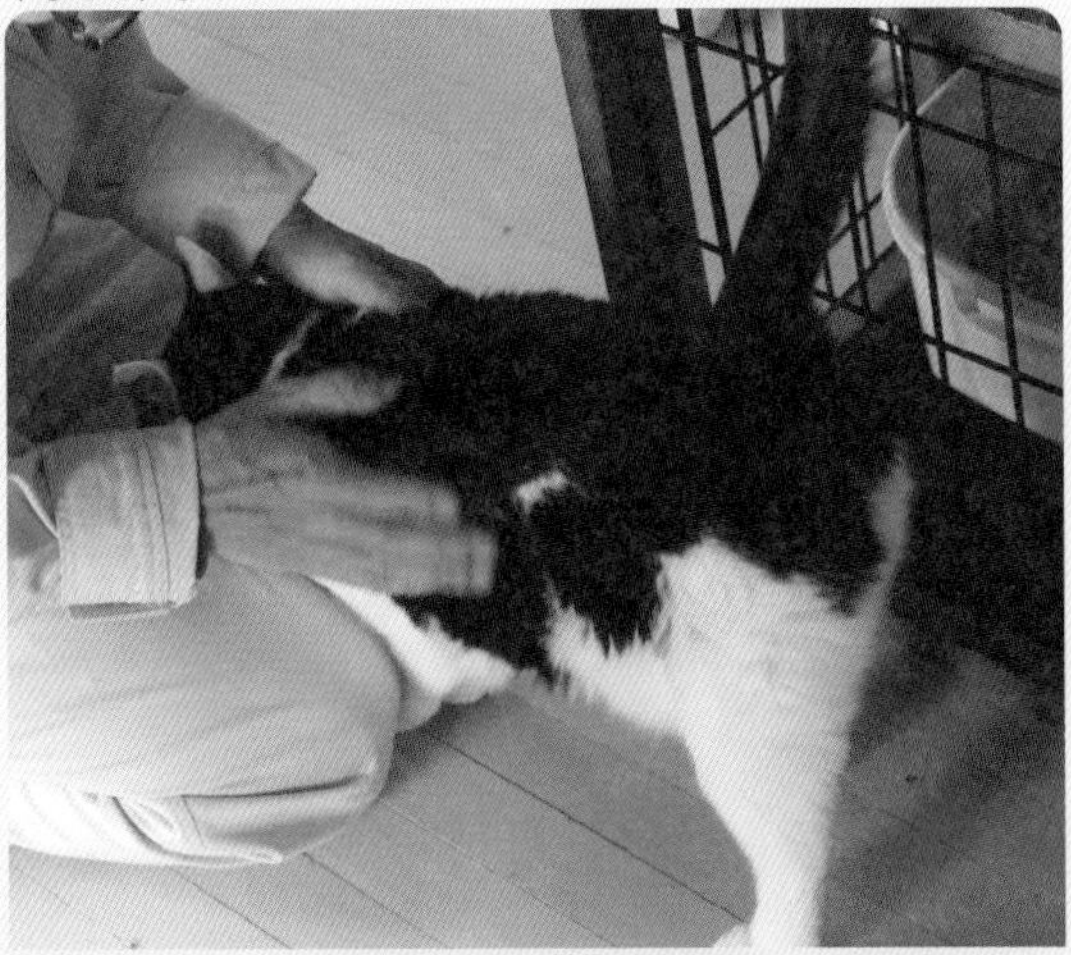

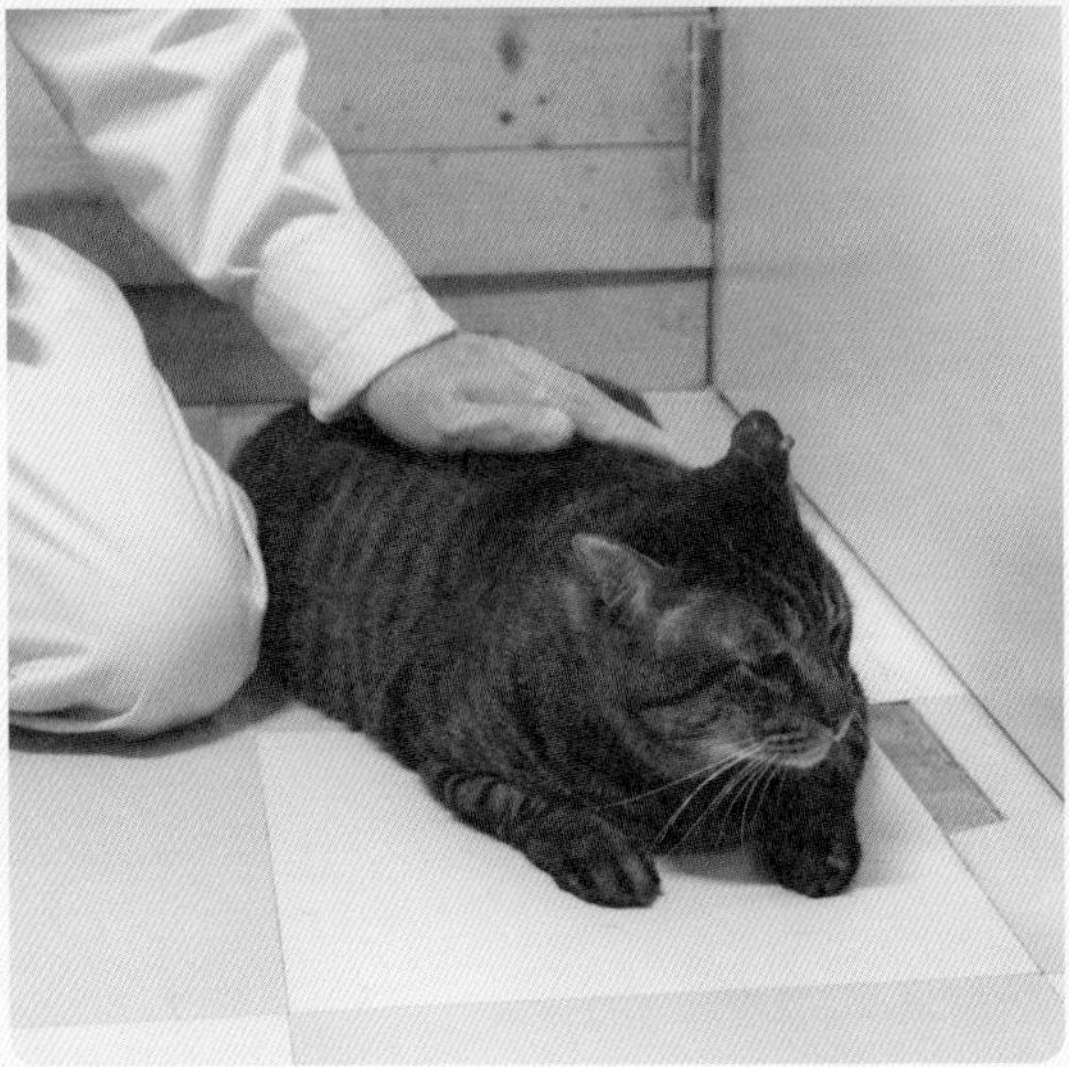

▲至福のひととき……

「今日も、死ねなかった」

その頃から、すでに立花さんの中には、対人恐怖症の症状が現れていたのだろう。それが如実《にょじつ》に出始めたのは、40代になってからのことだった。

当時の立花さんは、家業を継ぐことをやめ、関西に出て建築関係の仕事をしていた。ところが、そこの親方が気性の荒い人で、人付き合いが苦手でディスレクシアを持つ立花さんは、毎日どなりつけられていた。

「こんなこともできひんのか！」

「くそぼけが！」

「死んでまえ！」

子どもの頃から、どなられ続けてきた立花さんは、反射的に恐怖がよみがえる。動悸《どうき》が激しくなり、思考が停止し、立ちすくんでしまう。そして、そのことが親方をさらに苛つかせ、立花さんは罵声を浴びせられ続けた。

365日、1分1秒、投げつけられる否定の言葉――。その頃から、立花さんは「死にたい」という思いが頭を占めるようになった。

「人と関われないし、読み書きもできない。なんで人が普通にできることが、できひんのか……。こんな自分、生きている意味がない……」

死にたい。

どこか、誰もいないところへ行ってしまいたい。

沈殿した澱《おり》のようなその絶望は、日ごとに心の奥深くまで溜まっていった。


死ぬ場所は、決めていた。

酒をしこたま飲んだある夜、立花さんは家の近くの大きな河にまたがる橋の上に立ち、流れる濁流《だくりゅう》を見下ろしていた。ごうごうと激しい音を立てる真っ暗な河には、人々がきっとごく普通に暮らしているのであろう灯りが映って、立花さんをますます悲しくさせた。

「飛び込もう。もう、死んだ方がいいんや」


決意を固め、橋に足をかける。ところが、足が震えて手は欄干《らんかん》から離れない。立花さんの心とは裏腹に、体が死ぬことを拒否していた。

飛び込もう。

次こそ、飛び込もう。

だけど、どうしてもできなかった。

立花さんは涙をこらえながら、家への道をとぼとぼと歩いた。今にも消えそうに点滅する外灯に、小さな羽虫がまとわりついている。自分なんて、それと何も変わらないような気がした。

自殺が未遂に終わったとはいえ、それで解決したわけではない。

「今日は死ななかったなあ、今日は死ななかったなあ。そう思いながら、死んだような日々を生きてた……」

立花さんは当時を思い出すように眉間にしわを寄せ、視線を落とした。コーヒーカップを持つ手がわずかに震えている。

死にきれない自分にも、失望していた。生きることもできなければ、死ぬこともできない。世界中で一番の落ちこぼれが、どの面下げて日々を過ごせばいいのか。

それでも、どこかで生きる道を模索していたのだろう。立花さんは、偶然知った保健所の相談窓口に電話をかけた。

「死にたいんです……」。

絞り出すように立花さんが言うと、保健所は支援の人を手配してくれた。

こうして、立花さんは病院とつながり、これまでの自分の苦しみの原因が、障がいであったことを知った。

カフェの窓から見えるコブシの木は、すでに葉をほとんど落とし、やがて来る春に向けて小さなつぼみを綻《ほころ》ばせている。立花さんは、ため込んでいた息を吐き出すと、テーブルの上にあった、陶器でできた小さな猫の置物に視線を移した。

「猫と一緒にいると……」

　伏し目がちに、立花さんは言う。

「変わっていくかもと、思いますね……」

　私は尋ねる。

「変わっていく？」

「はい。僕は、ずっと自分を変えたいと思っていた。だけど、何回やっても変わらへん。でも、猫たちは、どんなハンデがあっても、自分を卑下《ひげ》しない。おかまいなしで、ただ生きてる。人に、どう思われてるかなんて気にしてない。それを見てたら……

うん」

　どなられ、否定されてばかりだった立花さんを、猫たちは「あなたがいい！」とすり寄り、全幅の信頼を寄せる。それに、立花さんを信頼しているのは、猫だけじゃない。和美さんや、他のスタッフたちもそうだ。

「立花さんなら、大丈夫！　立花さんは、心を閉ざした猫を開かせるスペシャリストや！」

▲信頼を寄せる猫たち

立花さんの仕事の丁寧さや、生真面目さ、そしてそばにいると温かい気持ちにさせてくれる人柄を、愛している。

そう和美さんが言うと、立花さんは照れくさそうに頭をさすり、こう言った。

「〝自分を好きになれ〟とか、よく言うじゃないですか。僕は、やっぱり自分を好きにはなれへんけど……」

固く結んだ口元を、ふいに立花さんはほろりと綻《ほころ》ばせた。

「まだ死ねないなあとは思います。明日も、猫に会いたいから……」

人の目を見ることができない立花さんは、誰の目を見ることのないまま、たしかに笑った。

▼立花さんが作ったキャットスペース

▲最高のお昼寝場

第3章

家族

秋も深まり、滋賀の住宅地は街路樹がほのかに色づく。登校中の中学生たちが、体操着だろうか、ボストンバッグをぶつけながら、無邪気にじゃれあっている。

施設に朗報が届いたのは、そんな晴れた日のことだった。シェルターにいた牛柄の猫「ミル子」に新しい家族——里親が見つかったのだという。

「若夫婦の家の子になるんですよ！」

誰よりも嬉しそうに話す西さんは、実はミル子には特別な思い入れがあった。今でこそ、いろんな猫に好かれている西さんだが、彼が施設に来てすぐの時、猫たちはそろって彼を威《い》嚇《かく》した。お世話の最中、顔を合わせるだけで怒られ、そばに近寄ると、一目散に逃げていく。

猫が好きで施設に来たわけではないとはいえ、その現実は、少なからず西さんにショックを与えた。そんな中で、ミル子だけは彼を受け入れたのだ。

「僕の顔を見るなり、〝ニャー！〟って鳴いて、すり寄ってくれたんです」

そう言いながら、とけそうな表情でミル子の背をわしわしと撫でる。気持ちいいのだろう、ミル子のしっぽはピンと天を突き、お返しするようにごちんごちんと、西さんに頭をぶつけた。

「念願の里親が決まって、どんな気持ちですか？」

私が聞くと、「そりゃ、嬉しいですよ」と笑顔を向け、「だけど……」と、眉尻を下げた。

「まあ、本当は、やっぱりさみしい」

ミル子は、一度里親が決まったものの、事情があり戻ってきた過去を持つ。西さん流に言うなら、「二度、捨てられた」のだ。けれど、ミル子はそれでも人を信じ、人に甘えた。その姿は、頑なだった西さんの心を少しずつ和げていった。

西さんはミル子を撫で続けながら、感慨深そうにため息をもらした。

「もうね、なんていうか、父親の気持ちです。僕にとっては、この子らだけが、家族やから……」

まだ、彼の中にある人間不信は消えていないのだろう。けれど、西さんは思い出したように、そのあとに続けた。


「そして、ここ。この施設」


リビングに戻ると、テーブルの上にはカセットコンロがあり、年期の入った大なべが乗せられていた。不揃いのコップには、それぞれ緑茶や清涼飲料水が注がれて、誰かのお土産の肉まんも、箱に詰められたまま置かれている。

「さあ、皆、ごはんやで」

▼愛されてかわいい顔になったよ

和美さんが、人数分の器と箸を持って、声をあげる。今日は、知的障がいを抱えるまっさんが豚汁を作ったのだという。お言葉に甘えていただくと、ごぼうやニンジン、豚肉やネギといった定番の物から、滋賀県の特産の赤いこんにゃくが入っていた。

ふうふうと息を吹きかけ、冷ましながらすする。甘めの味噌が胃に染みた。

「これも残ってんねん。食べてしまおう」

そう言って、和美さんは土鍋を運ぶ。中には、前日に、皆で作ったというおでんが入っていた。大根の角が溶けるほど煮込まれ、いい色になっている。

「うちは、まずお腹を膨らませる。で、休む。それからが仕事」

和美さんが言うと、「休んでばかりやけどな」とさやちゃんが言い、皆で一斉に笑う。

西さんは、「おいしい、おいしい」と何度も繰り返しながら、豚汁をすすっている。ここに来るまでは、いつもひとりでインスタントラーメンばかり食べていたのだそうだ。それを知った和美さんは、「うちの施設に来て！」と半ば強引に西さんの腕を引っ張ったという。

今の西さんを見ていたら、それは最高の選択だったと痛感する。

食べている間も、猫たちは縦横無尽に飛び跳ねている。体だけは大きくなってきた子猫も心は幼いままで、大人の猫にちょっかいをかけては怒られていた。それぞれの膝には、誰かしら猫がいて、時に、洋服で爪を研がれる。だけど、誰もそれを嫌がる人はいない。

「あああ、床にゲロされとる！」

そう誰かが騒ぎ出せば、「メシの最中やがな」と、誰かがつっこみ、手の空いてる人が片づける。

この場所は愛護施設であり、就労支援施設でもあり、そして何より、気兼ねのない皆の「よりどころ」なのかもしれない。

▲カメラ目線のちびちゃん

▲アクロバットな寝相

愛護活動の光と影

そして、もうひとつ。愛護施設としても、ここは一般的な施設とは少しばかり違うところがあった。それは、ともすれば敬遠されがちなハンディキャップを持っている猫を、メインに保護したということだ。

猫エイズキャリア、猫白血病キャリア、半身不随、目の見えない子、耳の聞こえない子、膀胱や腸が麻痺し、排せつのお手伝いが必要な子……。正直、お世話の大変さは、健康な猫の何倍にもなる。けれど、和美さんはなぜか昔から、弱い存在――と言っては語弊《ごへい》があるだろうか、「大切にされていない命」に、不思議なほど共鳴した。

子どもの頃から、いじめを受けている生徒がいたら、かばったり、車いすで困っている人がいたら、率先して押した。「かわいそうだから」という、偽善的な感情とはまったく違う。和美さんにとって、命はすべて平等。

その一方、「可愛らしい」「能力が高い」命は愛されて、そうでない命には人は目もくれない。そんな現実に疑問を抱いていたのだ。

それだけではない。実際に保護をしてみて、ハンデを抱える猫たちは、和美さんに沢山の感動をくれた。

自らのハンデを受け入れ、卑下《ひげ》しない力。

ハンデがあっても、うまく適応し生きていく力。


ありのままに生きる姿は、尊敬の念を抱いた。

「ハンデのある猫たちに、私は生き方を教えられてん」

そして、それは障がいを抱える人からも同じように教わったのだと、満面の笑みで湯気の立つ豚汁のおかわりを皆に注いだ。


とはいえ、誰もが和美さんの「平等に愛したい」という思いに賛同してくれるわけではない。ある時、和美さんは、知り合いが保護した猫を家族に迎え入れたことがあった。けれど、残念ながら、その子は早くして命を落としてしまった。保護をした関係者の人たちは、和美さんを信じていたからこそ、大きなショックを受けた。

やりきれない思いから、悪い想像が次々に浮かんでくる。和美さんが、シェルターの猫のことばかり気にして、迎え入れた猫の異変に気づけなかったのではないか。そもそも付き合いの多い和美さんだ。誰かと遊んでいて、猫を大切にしてくれなかったのではないか。キャパオーバーになっているのに、引き取ったのではないか。

悲しみにくれた人たちからの非難の声が相次ぎ、愛護施設自体を続けることが難しくなるほど追い詰められた。

和美さんはできるかぎりの謝罪の言葉を繰り返した。けれど、それで猫の命が戻ってくるわけでもない。保護した知り合いは悲嘆《ひたん》にくれ、結局わかり合うことはできないまま、今という日を迎えている。

かつてそんなことがあった上で、就労支援施設をスタートさせたことが、「良いこと」だったのかどうかは、正直言ってわからない。きっと、その答えが出るのは、まだずっと先のことなのだろう。

亡くなった猫への深い謝罪、そして、これまで見送ってきた猫たちへの言葉にできない数々の思いを胸に、和美さんは今日も走り続ける。猫を保護し、シェルターでお世話をし、就労支援施設で皆と寄り合い、話を聞き、あらゆるところから入るSOSに休む間もなく応対する。泳いでいなければ死んでしまう魚のように——。

「私も、どこか障がいのようなものがあるんよ……」

彼女はそう言って、寂しそうに笑った。

▼ふくふくしあわせそう

▼片耳カットは、地域猫の証

▲和美さんのおかげで、安心できる今があるよ　by かんた

午後からは、皆で一斉にシェルターの掃除へ向かった。

指揮を執るのは、高校生の頃から10年近くひきこもりだった、たっちゃんだ。彼は高校で教師にひどい吊し上げを受けて以来、自分に自信を無くし、人が怖くなったのだという。

進学も当然できず、部屋から一歩も出られない日々。母親は心配し、ひきこもりの支援者を呼んでみたが、たっちゃんの心はまだ人と会う段階にはなかった。

支援の人とは俯《うつむ》いたまま一言も口を開かず、かと思えば、ひとりになってから、うめくような声が部屋から洩《も》れ聞こえたという。

母親はどうしていいかわからず、それからも方々に相談に行った。その中には精神科病院もあった。たっちゃんが、ある時から異常に手を洗い出したり、ドアノブをティッシュでしつこく拭くようになったからだ。たっちゃんは、日に日にやつれていった。母親も、もう自分の手には負えないとまで追い詰められていた。

そんな時、訪れた相談窓口で、この施設のことを偶然知ったのだ。

「猫のお世話が仕事らしいんよ」

お風呂に入るためにたっちゃんが部屋から出てきた時、母親はどなられることも覚悟して言った。彼が、他人に自分の事を話されるのを嫌がるのを知っていたからだ。けれどその言葉に、それまで能面《のうめん》のようだった彼の頬がぴくりと動いた。

「猫……」

何か月かぶりに聞くたっちゃんの声だった。

たっちゃんがまだ小さかった頃、家にはココという猫がいた。5年前に亡くなってしまったけれど、それまで彼は、ココに育てられたようなものだった。もしかしたら、ココがたっちゃんに救いのしっぽを差しのべてくれたのかもしれない——。

たっちゃんは、その日から、一歩、また一歩と、部屋から出るようになった。自室で取っていた食事をダイニングで取るようになり、リビングでテレビを見るようになった。

やがて、玄関から外に出て、今日は曲がり角まで歩く、今日はその先まで歩くという、自分なりの訓練をしていった。

人とすれ違うたび、あの教師ではないかと息が乱れた。何度も自分には無理だとめげそうになった。

それでも、500メートル離れたコンビニで卵を買って帰って来られた日、母親は彼が幼いころから大好きだったスクランブルエッグ入りのパンを作り、山のように皿に盛った。

たっちゃんは誰の手も借りず、ココと共に世界に飛び出してきたのだ。

元来、ずば抜けて頭も良く気も利くたっちゃんは最年少のはずなのに、気が付けばこの施設のリーダー的存在になっていた。猫たちの性格についても一番よく把握し、セミナーなどでは熱心に勉強している。掃除のスケジュールを組み立て皆に指示を出すのも、彼の役目だ。

掃除機をかけ始めると、猫たちは嫌がって、一斉にキャットウォークの上に逃げこんだ。

「ごめんな。すぐ終わるからな」

そう優しく声掛けをしながら、次は床を丁寧にぞうきん掛けする。床がきれいになると、3人がかりで猫用トイレの掃除に取りかかった。長さは50センチほどある大きなトイレをふたりで持ち上げ、ひとりが固定したバケツに汚れた砂を捨てる。

猫たちの健康と快適な生活のためにしているのに、猫たちは棚の上から不服そうに見下ろしている。報われないものだ。


その間、私と和美さんはリビングに残ってお茶をすすっていた。ずっとあちらこちら動きまわっていた和美さんの取材を落ち着いてするためだ。

◀不満げなまなざしを向ける……

▲怖い時は隠れるの

▲猫トイレの掃除は大変

和美さんは、就労支援を始めてから7キロも痩せたという体で、デニムを引っ張って、床に腰を下ろした。

「どうして、わざわざ就労支援施設を作って、猫のお世話をしてもらおうと思ったんですか？」

一番不思議に思ったことを聞いた。ボランティアではない、給金が発生するこのしくみは、猫をお世話する人が増えるだけでなく助けられる猫も増え、とても合理的だ。けれど同時に、「障がいを抱える人に、命をまかせられるのか」という偏った意見が出てきてもおかしくない。

私の問いに和美さんは頷くと、「そもそも……」と、テーブルに乗ったままの白菜の漬物をつついた。今まで、皆のフォローで食事もろくにとれていない。

「病気や障がいを抱える方たちは猫との触れ合いにセンスがあるねん」

「センス？」

愛護施設では聞き慣れない言葉に、私は首をかしげる。和美さんの話はこうだ。

就労施設にする前にも、ボランティアさんの中には、何らかの障がいを抱えた人たちは数人いたという。すると、保護されたばかりで手が付けられないほど凶暴な猫たちが、なぜか彼らにだけ、心を開くことが多かったそうだ。

「何が違うんやろ？」

私が尋ねると、「目で見てわかることではないんやろうけど……」と口を拭《ぬぐ》い、「後から考えれば、彼らはずっと、そばにおった」と、思い浮かべながら微笑む。

「ずっとそばに？　それだけ？」

「そう。機嫌を良くさせようと奮闘したり、むやみにかまったりしないねん」

　何か特別なテクニックがあるのかと思っていた私は拍子抜けした。それでも、この施設が円滑に回っている秘密を知りたくて、食い下がった。

「たとえば？」

　和美さんは、「うーん」とうなると、思い出すように言った。

「眠くなったら、そのまま一緒に寝る。撫でてほしそうだったら、撫でる。遊んでほしそうだったら、猫たちの気が済むまで何時間でも遊び続ける。言葉にしなくても、心の中で会話をする。そういう感じ」

「シェルターの猫のお世話をする」というよりも、「一緒に生きる」という姿勢だったのだという。

「シェルターでは、毎日欠かさずすることがあるんよ」

　和美さんは、窓越しに見えるシェルターを指さした。庭では猫用トイレを、皆でガシガシ

▲愛されるのがあたりまえと思えた

と洗っている。

「なんですか？」

「猫たちの安否確認やねん」

そう言って、冷めてしまった豚汁をすする。

「病気の子はいないか、精神的に不安定な子はいないか……それを確認するために、主食のドライフードをあげる前にまず、においの強いドライフードを数粒指でつまんで、1匹ずつ、顔の近くに持っていくんよ」

そうすると、元気な猫は喜び勇んで食いつく。反対に、食べてくれない猫は何かしらの問題を抱えているとわかるのだ。

この、誰にでもできそうに見える一連の流れも、皆はとても丁寧に行う。毎日の決まった業務の一貫ではなく、まるで宝物である我が子を扱うかのように、心を込めて差し出す。目と、耳と、感覚すべてを研ぎ澄まして、命の状態を知ろうと懸命に尽くす。そして調子の悪い猫がいたら、自分のこと以上に深く心を痛め、何ができるかを考える。

現代社会では、障がいを抱える人たちはどんな仕事の現場でも「できない」と思われがちだ。けれど、そんなことはない。彼らだからこそ、できることが、「命のお世話」の中にはいっぱいあった。

皆がお世話をするようになって、臆病だった猫たちが、隠れていた場所から出てくることが、劇的に増えたのだという。それは、うれしい驚きだった。

障がいと呼ばれる「一般と違うところ」「生きづらさ」「ハンディキャップ」を、和美さんは「個性」だと思う。勿論《もちろん》、本人は生きづらく、苦しいだろう。それでも、だからといって周りから差別されるものではない。尊重されるべき、同じ「命」だと。

けれど、現代の世の中は、そうだとは残念ながら言い切れない。

取り囲む冷たい視線。

偏見。

存在しない居場所。

和美さんはハンデを持つ猫たちから始まって、それを支えてくれた病気や障がいを抱える人たちから、沢山の大切なことを教えてもらった。

「何もできない人なんて、ひとりもいない」

もし、本人が「何もできない」と思っているのなら、それは周りがそう思わせてしまっているのだと。

▲いらない命なんてない

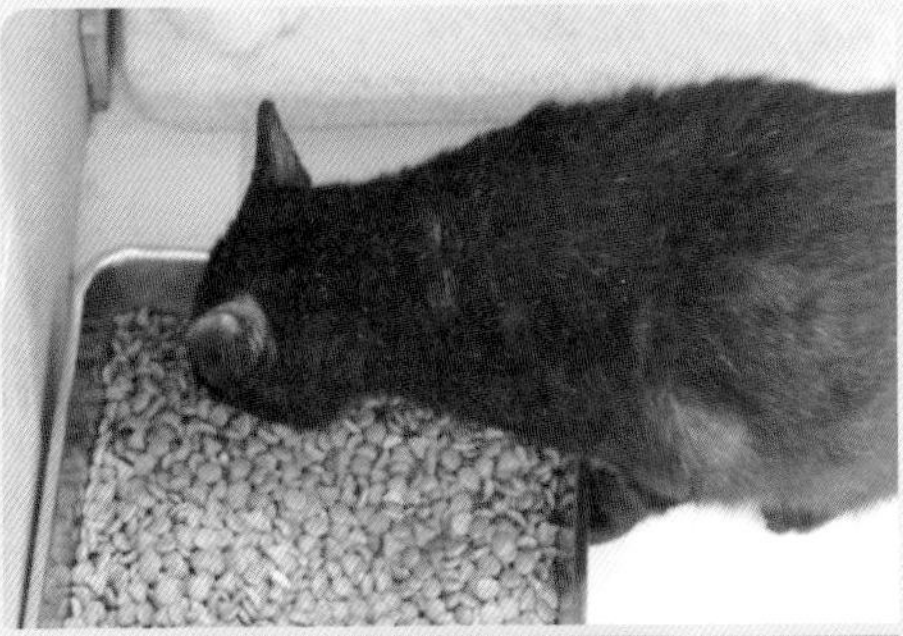

◀ごはん、おいし〜い

◀もうお腹が減ることもないよ

◀お水もたっぷり

「障がいがあってもなくても、何も変わらへんのに。そうではない世界が悲しい」

そして、この施設を作った。

どれほどの時間、和美さんと話していたのだろう。窓から差し込む光はオレンジ色に変わってきて、私たちふたりの影を長く伸ばした。

和美さんは、窓の向こうの風に揺れるもみじをぼんやり見つめた。半分だけ赤茶に色づき、やがて訪れる冬を告げている。遠くで、気のはやい焼き芋屋の声が響いた。その音にかき消されるかどうかの声で、和美さんは呟いた。

「私だって、けっして光の中だけを歩いてきたわけちゃうねん」

「え？」

幼少期は、機能不全の家庭に居場所を見つけられず、思春期に「不良」と呼ばれる道を選んだこともあったのだという。学校にも通わず、悪い仲間たちと深夜の徘徊《はいかい》や家出を繰り返したこともあった。

アンダーグラウンドな職業に身を置き、差別的なレッテルを貼られる経験も沢山あった。ともすれば、偏見の目で見られがちな人生。

けれど、その場所で接した、いわゆる「ワケアリ」の人たちは、皆あたたかかった。家族のように和美さんを受け入れ、食事をとらせ、寝床を用意し、和美さんに居場所を与えてくれた。

そんな経験をした和美さんだからこそ、できることがある。そしてそれは、彼女にしかできないことだ。

物心ついたころから「居場所」を求め、「居場所」に助けられてきた和美さんが、今度は「居場所」を作りたいと。

いや――。

かつての和美さんを取り巻いていた、この国にほとんどない、「疎外された命たちの居場所」になりたいと思ったのだ。

シェルターの掃除が終わると、それまで散らばっていた猫たちが、我先にと皆のもとに集まってきた。ごろりと転がってお腹を見せたり、甘えた声で「にゃあん」と鳴いたり、すりすりと体をすり寄せては、「今日もかまって」とねだる。

たっちゃんの足元には、この日も一番多くの猫が順番待ちをしている。控えめな笑顔で、たっちゃんは猫を撫でる。柔らかな毛の感触が手のひらから伝わり、ゴロゴロという安堵の音がたっちゃんを包む。

どんな職についても十分やっていけそうなのに、この場所にとどまっているのは、こんな猫セラピーがあるから――そして、まだそれを必要としているからなのかもしれない。置き去りにされていた、10年分の「心」を取り戻すために。

皆はそれぞれの猫を撫でるが、あちこちから次々にやってきて手が足りない。

「早く全員に里親さんが見つかって、ひとりひとりが、いっぱい撫でてもらえたらええのになあ」

誰かの言葉に、誰もが頷く。

西さんは、ミル子の額に鼻を寄せて言った。

「大丈夫やからな。しあわせにしてもらうんやで」

人を信じられない西さんが、ミル子の里親のことを信じようとしている。

何度、世界から捨てられたと思っても——。猫も、人も、また誰かを信じることができるのかもしれない。

西さんがふと窓の外を見ると、後片付けをしていたはずのまっさんが、庭でラジカセを鳴らし、でたらめな踊りを踊っている姿があった。なぜかはわからないが、まっさんは時々予想もつかないことをする。

「どんな職場やねん」

猫の愛護施設という、この「8軒目の職場」で西さんはあきれたように言い、思わず笑った。

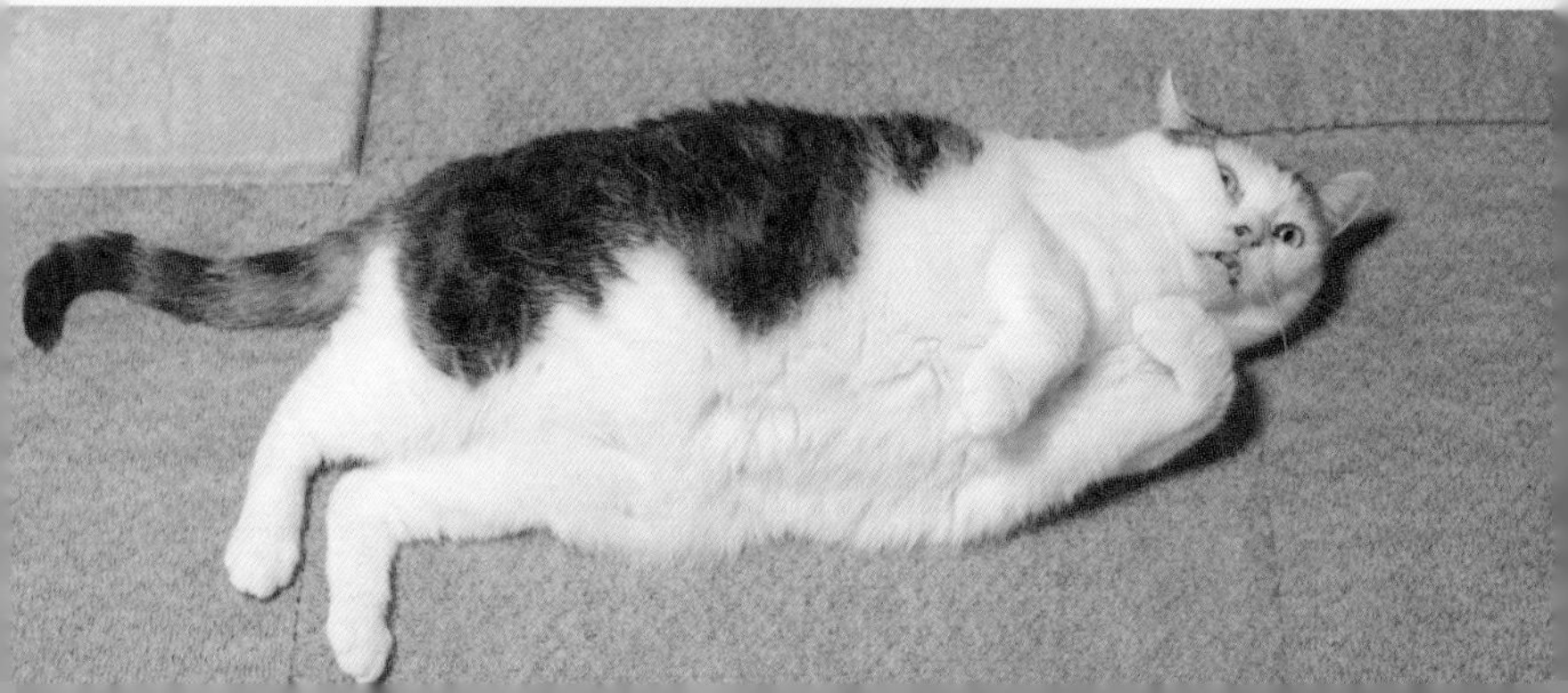

第4章

生きてゆく

◀しあわせになった、ふじお

いつまでも一緒に

「セリさん、セリさん」

アスファルトに枯葉が積み重なる冬の始まり、久々に手伝いに来ていた立花さんが、スマートフォンの待ち受け画面を見せてくれた。トラ柄の大きな猫が写っている。

「この子は？　シェルターの子ですか？」

私が聞くと、隣にいた和美さんが、身を乗り出してきた。

「この子が、ふじおやねん！　今、立花さんのところにおるんよ！」

「えっ、引き取ったんですか？」

「そうやねん。ついに、ね」

和美さんにつつかれて、立花さんは照れくさそうな満足げな顔をする。

一般の職にも慣れ、少しずつ安定してきた生活。立

▶「帰らないで」と見つめる、ふじお

花さんの心にも、暮らしにも、ゆとりができてきたのかもしれない。

立花さんが、シェルターの中でも最も立花さんに懐いていたふじおを迎えようと決めたのは、本当に突然のことだったという。毎回、立花さんが帰ろうとするたび、さみしそうにくっついて離れないふじおを見ながら、立花さんは胸が痛む気持ちであとにした。

ふじおは、いなくなってしまう自分をどう思っているんだろう。以前、飼い主さんが急に姿を消したような不安を抱いているんじゃないだろうか。

立花さんを見つめる少し濁《にご》った目。足に顔にすり寄ってくる姿。自宅の鍵を開けようとすると、いつの間にか手の甲にくっついている、ふじおの毛。

蛇口からポタリ、ポタリと、滴《したた》り落ちて溜まったコップの水がついに溢れたように、立花さんは我慢ができなくなった。

ふじおと、ずっと一緒にいたい。前の飼い主さんが

◀一生を共に過ごせる人と出会った

亡くなり、ひとりぼっちになったふじおに、もうさみしい思いはさせたくない。

とはいえ、一般の動物愛護団体では、60歳以上の方が里親になることを良しとしないところもある。猫は長くすれば20年は生きる。

高齢の方では、その子が天寿《てんじゅ》をまっとうするまでお世話できない可能性があるからだ。

立花さんは、還暦まであとわずか。本来なら、この願いはかなわなかったかもしれない。だけど、和美さんの考えは違った。

「私は、高齢の方にも、ぜひ猫と暮らしてほしいねん。子猫は難しいかもしれへんけど、シニアの猫なら、同じ年代同士、仲良くなれると思う。寂しい時こそ、癒してくれるのが猫やもん」

それは、高齢化社会の今の日本において、小さな希望だった。

「その代わり」と、和美さんは続ける。

▶おうちでリラックス

「里親さんにもしものことがあった時のために、しっかりつながっておくことが不可欠やと思う。渡したらそれで終わりじゃなくて、連絡を取り合って。まるで親戚のようにね」

　和美さんは、また新しい常識を生み出そうとしていた。


　私は、和美さんの車に乗せてもらい、立花さんの家を訪ねることにした。

　昔ながらの住宅地を通り抜け車を降りると、どこかの家から肉じゃがやカレーなど、夕食であろうにおいが漂っている。少し早いお風呂に入っているのか、風呂場独特の響きで、父親と子どもたちのはしゃぐ声が聞こえた。

　ひとり暮らしだという立花さんの家に入ると、こじんまりした玄関で靴を脱ぎ、すぐわきにある細長い階段を上がる。気を抜くと滑りそうなほど急だ。でも、

▲「大好き！」立花さんの鼻を甘噛み

猫にとっては、面白い遊び道具になるに違いない。その上に、ふじおのいる部屋があった。

一緒に暮らし始めると、ふじおはますます甘えん坊になったという。立花さんが仕事から帰るとまるで犬のように、もうドアの向こうで待っている気配が伝わるのだそうだ。

「お、うんこが出とるやないか」

そう言いながら、立花さんが部屋に入り猫用トイレの掃除をしていても、あとをおいかけて離れない。膝の上に無理やり乗り、立花さんのあごをペロペロと舐め、感極まって甘噛みをする。

「痛い痛い、ふじお」

そう言う立花さんは、これまでに見たことがないほど、満面の笑顔になっていた。

救い、救われて

私がはじめて会ったふじおは、目に傷が入ってしまった過去があったため、片目が白内障のように濁《にご》り、絶えず涙が出ていた。立花さんは、ふじおを抱き上げると、それをティッシュで優しく拭《ぬぐ》う。

「前は、ネバネバの真っ白な涙やってん。でも、今は普通の涙になった」

立花さんは、我がことのように笑顔で話す。

話を聞いている間中、ふじおは立花さんの膝にいた。時折、人間の赤ちゃんが抱きつくようにして立花さんによじ登り、顔にすり寄る。まるで「この人は僕のものだぞ」とでも言うように。毎朝、毎晩、そうなのだという。

「ふじおと暮らすようになって、何か変化はありましたか？」

私が聞くと、立花さんはふじおを撫でながら、微笑

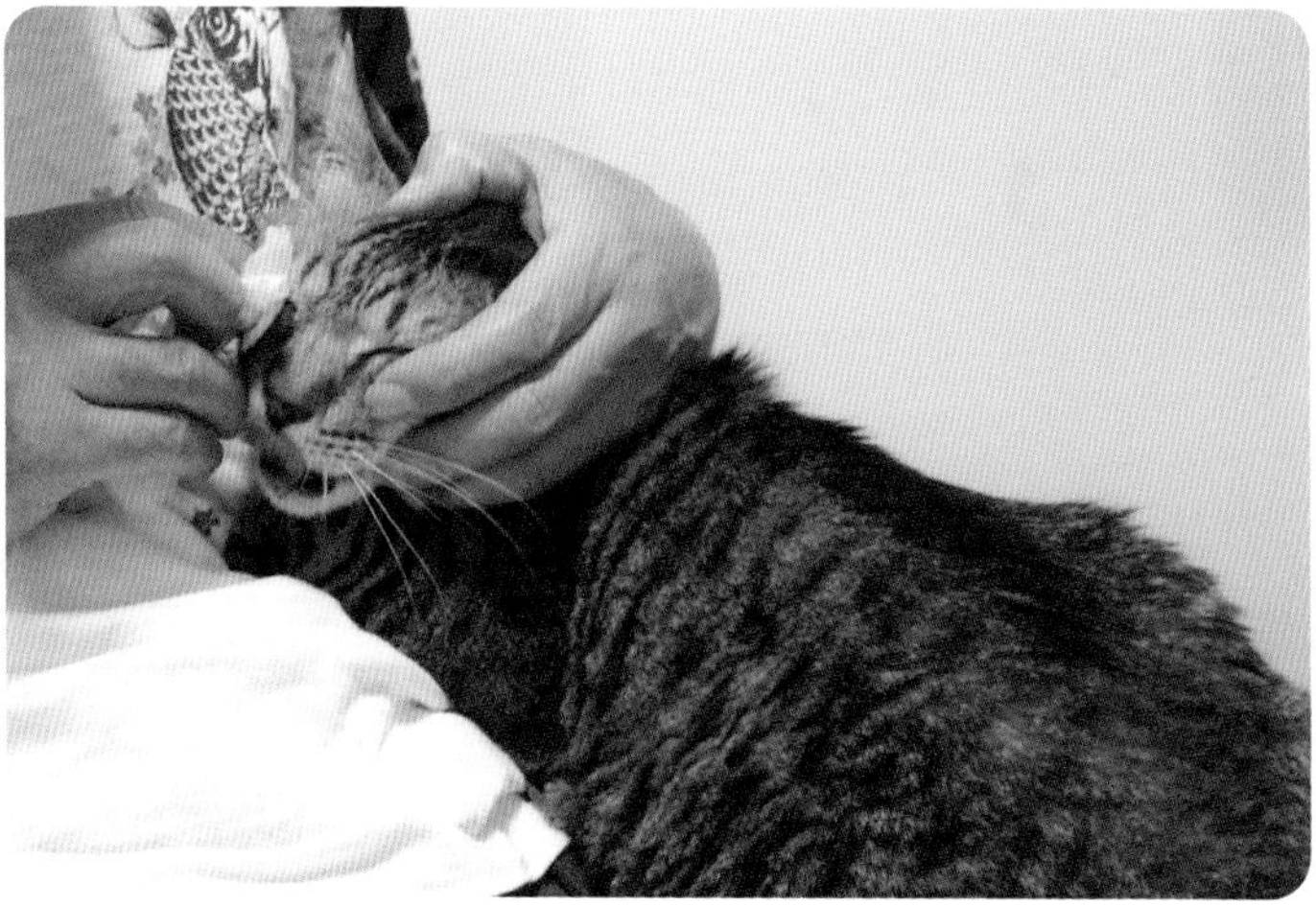

▶涙を拭かれるふじお

んだ。

「家では、不安障がいがなくなった」

「えっ」

　ただ猫と暮らし始めたことで、そんなことが起こるのかと、にわかに信じられなかった。

「仕事では、やっぱり不安障がいはある。人間関係が難しいし、やりきれへん気持ちになることもあるし…。でも、家に帰ってふじおのゴロゴロ喉を鳴らす音を聞いてたら、不思議と気にならなくなるねん」


　まるで、精神安定剤のようだと私は思った。ふじおは立花さんと暮らせてしあわせで、立花さんもふじおに救われているのだ。

「前に、死のうとしたことがあったって言っていたじゃないですか？」

　私は、悲しい過去を思い出させてしまうことを申し訳なく思いながら、尋ねた。

◀一生離れない……

「ああ、言ったなあ」

「今も、死にたいと思いますか？」

　すると、立花さんはきっぱりと言った。

「死にたいとは思わへんなあ」

　現在も死にたいと思う病気を抱えながら生きている私は、重ねて驚いた。この生きづらい世の中で、どうやって生への希望をみつけることができたのか。ふじおがいるから？　それとも、何か新しい生きがいを見つけたのだろうか。

　私は聞いた。

「夢とかができたんですか？」

　立花さんは首をかしげた。

「夢はないけど……」

「じゃあ、自分を好きになれたとか？」

「なれへんなあ」

　そう笑って言ってから、立花さんは体にしがみつくふじおを抱きしめ、優しく撫でて言葉を探した。そし

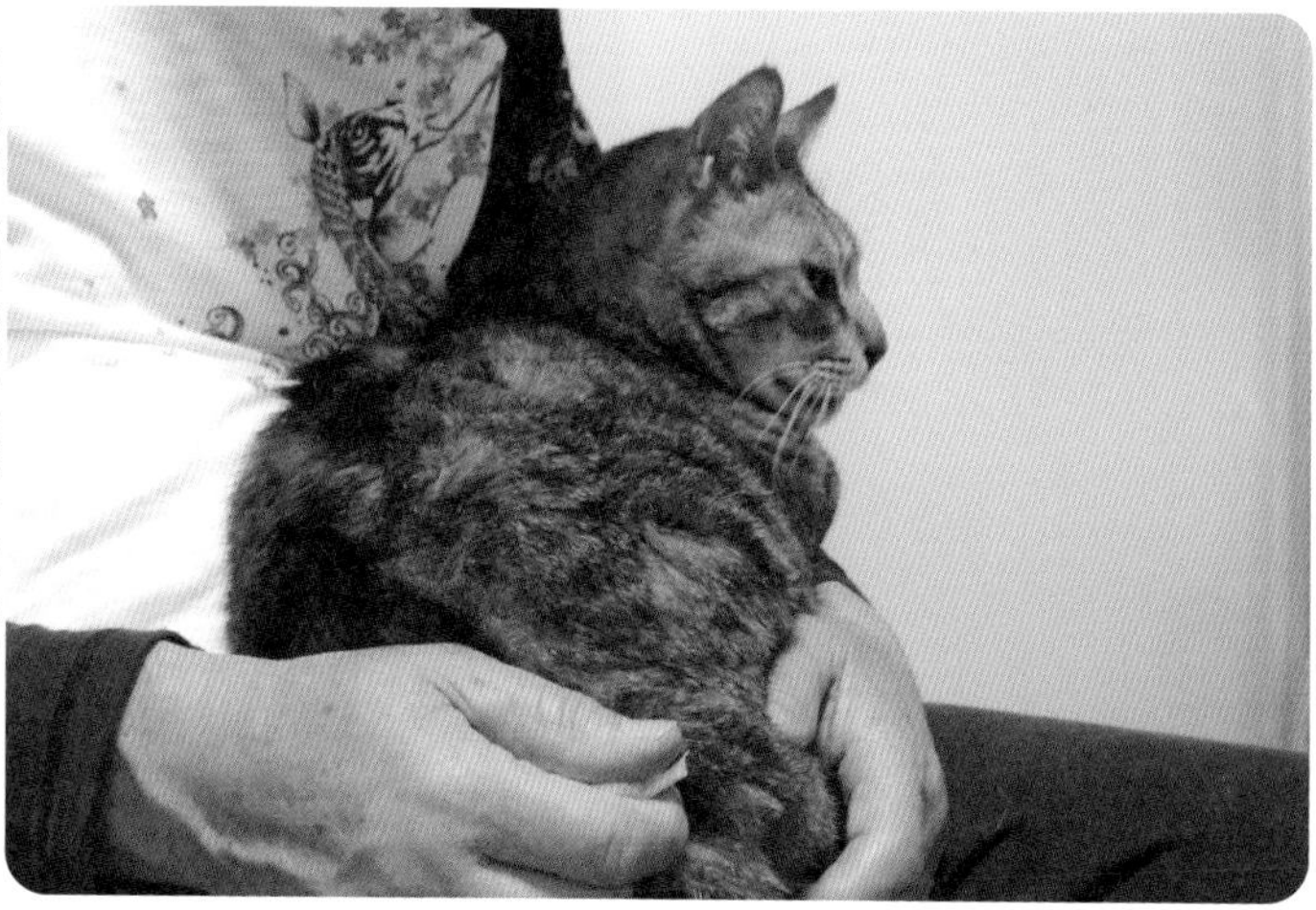

▶このぬくもりがあるから生きていきたい

て、かみしめるようにこう呟いた。

「死ぬまで、生きるしかない」

「死ぬまで、生きるしかない？」

「うん…。今は、そう思ってる」

　自分の命を絶つことをやめ、自然に訪れる「死」を迎えるまで、生きると決めたのか——。

「でも、酒もやめたし、楽しみがないなあ」

　立花さんが、冗談めかして言う。

「お酒、やめられたんですか？　どうして？」

「兄貴もそれで死んだし…。まだ生きやなあかんからなあ」

　立花さんは、気づいているだろうか。いつの間にか自分の命が、大切な守るべきものになっていることを。

　ふじおが、また立花さんを甘噛みする。

「ふじお、おやつは、まだあとや」

　困ったように、嬉しそうに、立花さんはふじおに言い聞かせたかと思ったら、すぐさま根負《こんま》けし、ふじお

◀おやつ、ちょうだい！

の大好きな棒状のウェットフードを取り出した。ふじおは、辛抱たまらんと言ったふうに、立花さんの膝の上でウェットフードにしゃぶりつく。もうなくなっても、袋を噛んで、まだ食べようとする。立花さんは、2袋目のウェットフードを取り出した。

「ほんま、困るわ」

そう言う立花さんの笑顔が、こんなにも無防備で優しいものだったのだと、私ははじめて知った。

お暇《いとま》する時間になって私が玄関で靴を履いている時、「セリさん!」と、立花さんがバタバタとスーパーの袋を差し出してきた。

「これ、うちの家庭菜園で採れたスナップえんどう」

袋の中を覗くと、あふれんばかりの豆が所狭しと肩を寄せ合い、新鮮な緑のにおいが漂っている。スナップえんどうが好きな私には、最高のお土産だ。

これも、立花さんが実家にいた頃、農業を営んでい

▶まだまだ食べるよ!

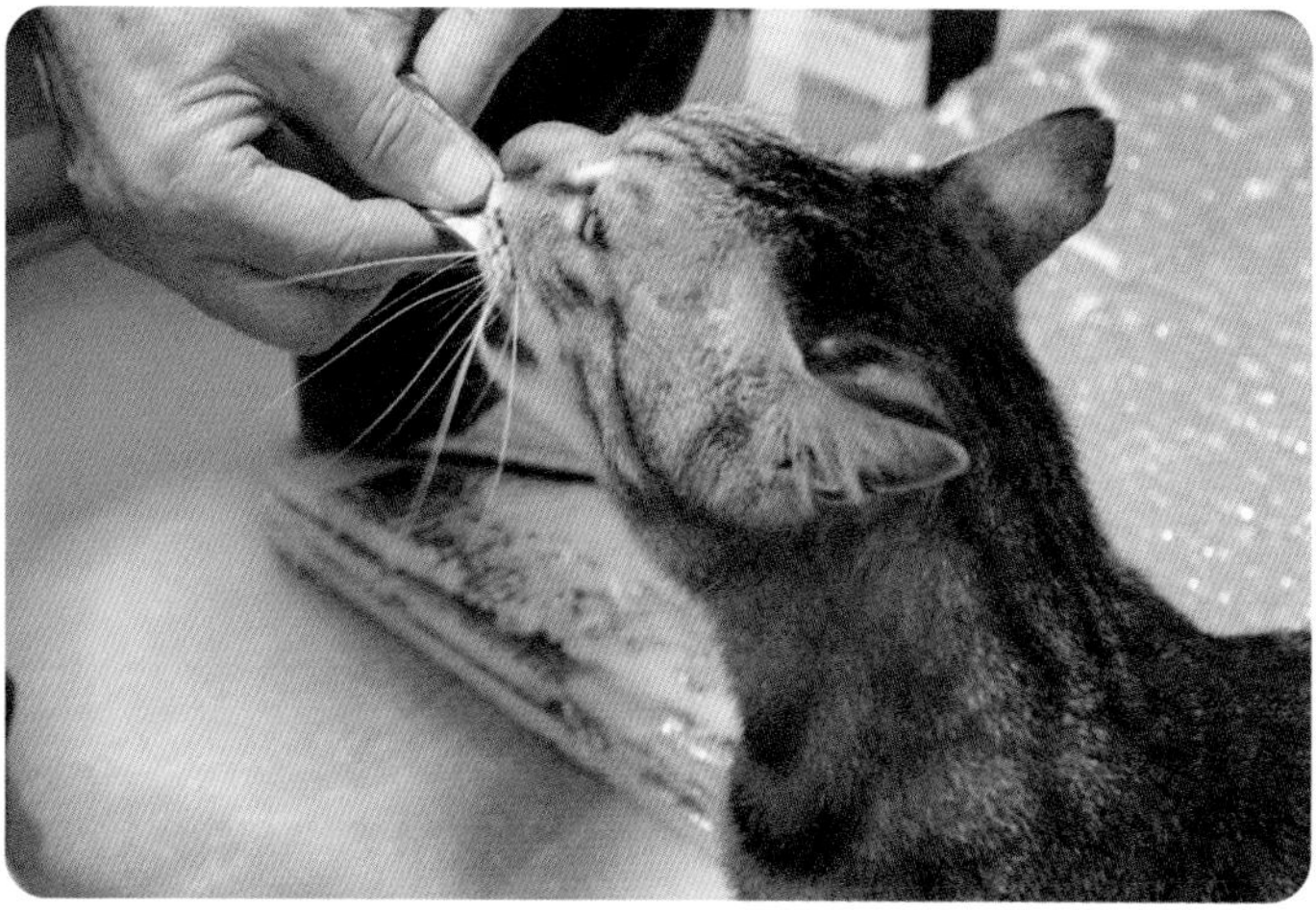

た名残りなのだろうか。だとすれば、その苦しい時期さえ意味があったのだ。

「ありがとうございます。明日のお昼ごはんにします」

　和美さんの車の助手席に乗り走ると、すっかり暮れた街に、ぽつりぽつりと、家々に灯った光が流れていく。そのすべてに生活があり、人知れず、生きづらさを抱えている人もいるのかもしれない。

　途中、大きな河の横を通り過ぎる時、和美さんが言った。

「これが、立花さんが何度も死のうとした河」

　想像以上に広い河だった。河幅は200メートルほどあり、飛び込んだらひとたまりもなかっただろう。水面に、対岸に立つ高層住宅の灯りが揺らめいている。

「死ぬまで、生きるしかない」

　そう決めた立花さんは、もう二度と、この河の前に立つことはしない。そう信じたい。

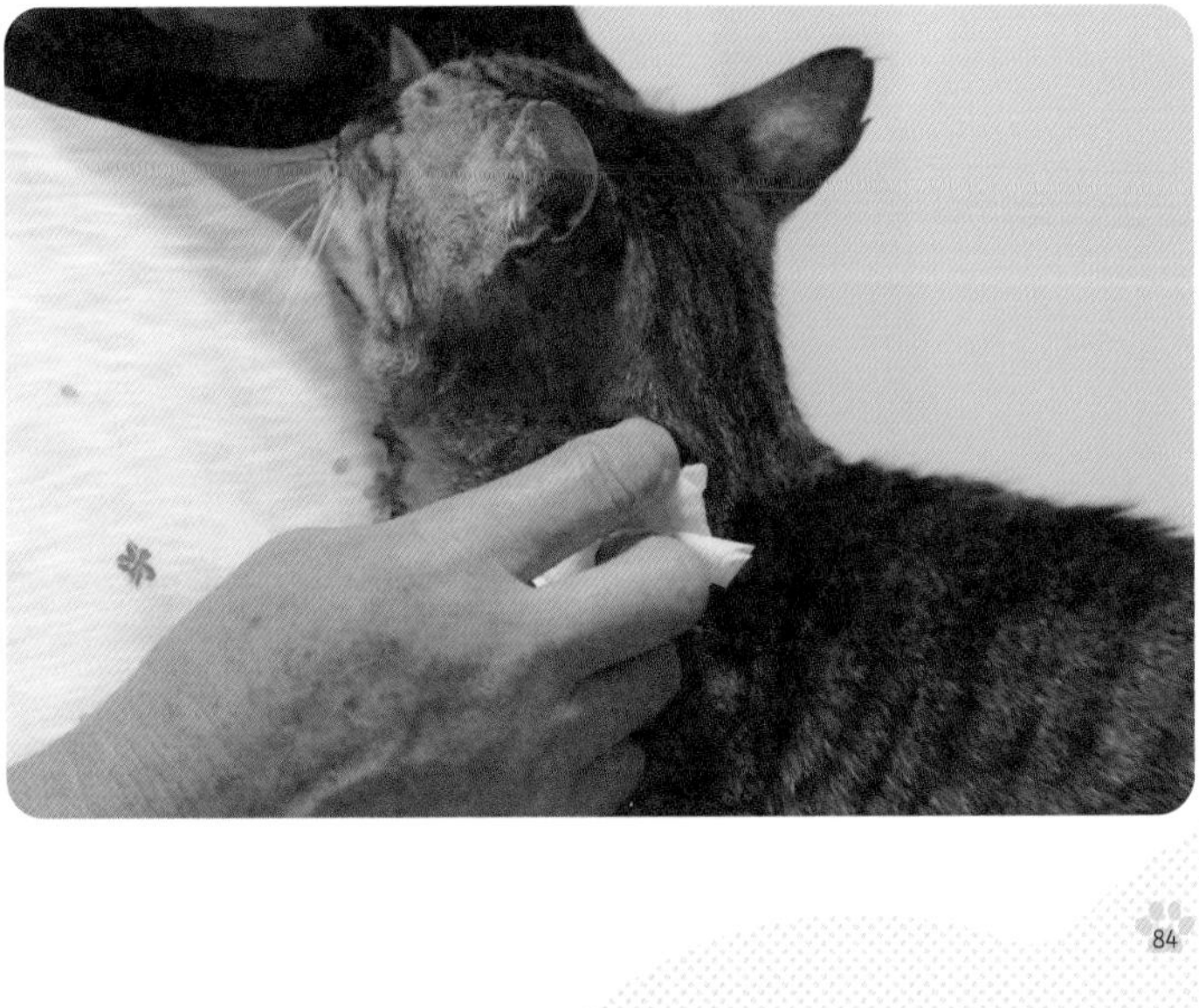

◀お互いに、やっと出会えた

もしも「死にたい」と思っても、家に帰れば、ふじおが最大限の喜びを表し、立花さんの膝の上で、ゴロゴロとのどを鳴らしてくれるだろうから。

車が砂利道を通って、わずかに揺れる。私の膝に置いた鞄の中で、スナップえんどうの袋が、かさかさと歌うように踊っていた。

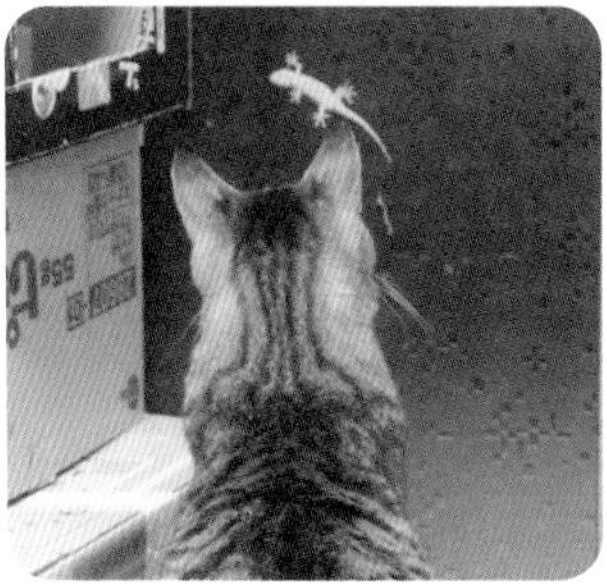

▶やもりが気になる！

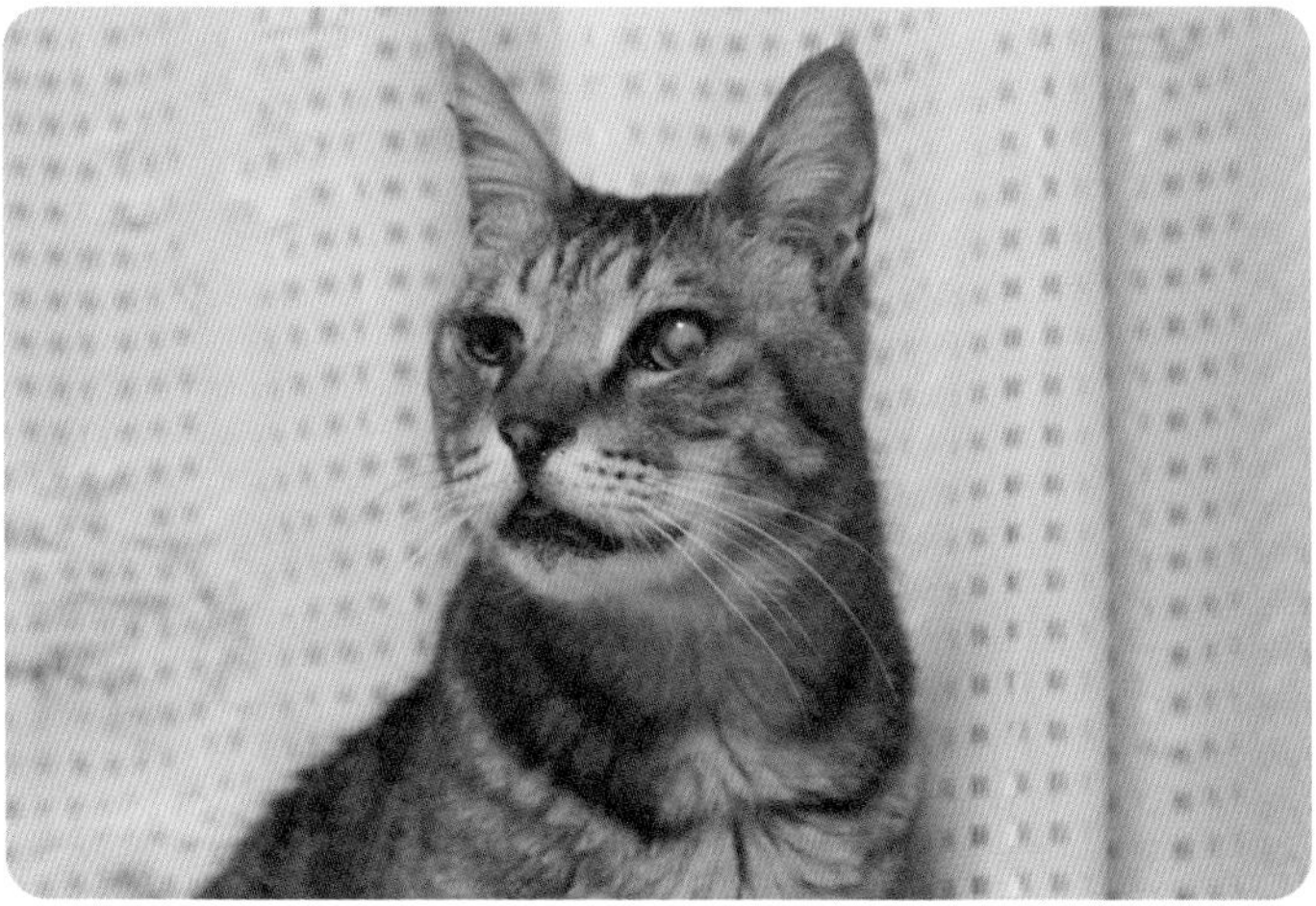

▶ぼくみたいな子が増えるといいな

あとがき

ひとりぼっちじゃない、私たち

「はじめに」で書いたように、20代で和美さんと知り合った私だったが、その後の交流は、全くと言っていいほどなかった。私自身も個人で猫を保護したり、里親を探したりはしていたが、団体を運営する和美さんは、雲の上の人だ。相談したりなんてことは、考えもしなかった。

そんな和美さんから、SNSを通じて連絡をもらったのは、私が39歳の時。戸惑う私に、和美さんが告げたのは、猫のことではなく、精神障がいのことだった。

自分には子どもがいて、その子が発達障がいであること。猫も大切な活動として行っているが、今は障がい福祉にも関心を持っていること。和美さんが訪れた精神障がい者の家族会の代表の方が、私の出版した本に付箋《ふせん》まで貼って熟読してくださっていることを、矢継ぎ早に伝えてくれた。

「できたら会いたいねんけど、難しいかな?」

和美さんの文字が目に飛び込んでくる。

元来なら、人間が苦手で、人と会うことを極力避ける私だったのだが、なぜだろう、その時は、導かれるようにして、和美さんと会う約束をした。

そこで、就労支援施設を設立するという話を聞いたのだ。〝障がいを抱える人〟と、〝家族を探す猫〟を結びつける場所のことを。

あの時のドキドキと、胸がわくわく騒ぐ感覚は、今でも忘れられない。

私は、病気の猫が自分を救ってくれたあの日から、何度かハンデを抱える猫に関する本を出していた。同時に、自分の抱える精神疾患についても世間に伝えたくて、精神障がい関連の本も出していた。

どちらも、私には大切なこと。だが、このふたつが交わることはないだろうと思い、猫は猫、人は人と、交互に出版していたのだ。

けれど、目の前の和美さんが話すことは、私にとってかけがえのない、その「ふたつ」を「ひとつ」にできるカタチなのだ。


「それ、本にしたい！」。

迷わず、その場で和美さんを説得した。


それから、間もなくのことだった。和美さんのＳＮＳを見ていると、ある高齢の方が、猫を

6匹遺して亡くなってしまい、その里親探しを和美さんがしているということを知った。写っていた写真は、一時的に預けている病院のケージの中で怯えている黒猫。私は思わず、20代の時に私を救ってくれた黒猫を思い出した。

よく読むと、その猫はかつて交通事故に遭い、膀胱《ぼうこう》が麻痺《まひ》しているという。だから、おしっこを出すためには圧迫排尿《あっぱくはいにょう》という、手で膀胱《ぼうこう》を押してあげて排尿《はいにょう》を促《うなが》すという作業が毎日必要だ。長期で家を離れることは、なかなか難しいだろう。


「この子を、家族にできないかな……」

思わず頭をよぎった。迷いがなかったと言えば、嘘になる。けれど、だからこそとも思った。きっと、健康な子には、里親が現れるだろう。もし、私が誰か1匹を家族にできるなら、一番貰い手のない子を譲り受けたい。けれど、名乗り出るのには勇気がいった。私は心の病気を抱えている。うつ状態になれば、ベッドから起き上がることもできず、猫の世話もままならなくなる可能性だってあった。勿論《もちろん》、夫はフォローしてくれるだろう。だが、私は自分の持つ障がいに、自分自身が偏見を持っていた。

私は、正直に和美さんにメッセージを送った。

「私には、精神障がいと言うハンデがあります。それでも、里親になることはできますか？」
不安を抱えながら返事を待った。すると数分後、和美さんからその笑顔が伝わるような返事が届いた。

「私は、精神障がいをハンデだとは思いません。セリさん、ありがとう！」

そして、その黒猫「イレーネ」は、我が家にやってきた。
最初はその名前の小難しさに、ぴんとこなかった。けれど、調べてみると「イレーネ」は、ギリシャ語で「平和」を意味するのだと知った。
本当に偶然なのだが、最初に私を救った猫の名前は「あい」だ。そして、「平和」がうちに来た。
『LOVE&PEACE Pray』――「愛」と「平和」の名を持つ団体と、どこかしらつながって。

ある時、和美さんが言った。

「どんな事情を抱えた人も、ハンデや病気を抱える猫も、あたりまえにしあわせになれると思ってるねん」

ずっと願っていたことを言葉にされたようで、私も夢中でうなずく。

他にも、私と和美さんには共通点がいくつもあった。

「大切にされない命」に惹かれてしまうこと。

平和を望んでいること。

愛を大切にしたいと思っていること。

そして――

「人」だけじゃない。

「動物」だけじゃない。

どちらも、平等に、命の尊厳を守られるべきだと思っていること。

私は、興奮して言った。

「私もなんです。猫を保護してるけど、猫だけが大事なんじゃない。精神疾患のことを伝えているけど、精神疾患の人だけが大事なんじゃない。すべての動物も、魚も、虫も、植物も、全部大事。雑草を抜かなきゃいけない時も、どうして抜いていい草と、抜かずにお金を出して植える草があるのか、わからなくって悲しいねん」

和美さんは「私も」と、頷いた。

そんな人と出会えたのははじめてで、気が付けば涙が流れていた。

私は、そんなボーダレスな世界を作りたかった。

けれど、それは夢だと思ってた。

どんどん戦争に向かっていきそうな、今の日本の在り方。殺処分だけじゃない、虐待を受ける動物たち。心無い言葉を投げかけられる、障がいを抱えるなどの少数派の人々。でも、そんなことで心を痛めているのは私だけだと思っていた。

どれだけ声を上げても、なんにもならないかもしれないこともわかっていた。

それが今、私の隣には一緒に声をあげてくれる人がいる。

家に着き、「じゃあ、また」と、手を振ろうとした私に、和美さんは手を差し出した。
その手を強く握る。
そして、私は思わず抱きついた。優しい優しいハグ。

温度。

鼓動。

におい。

生きているすべてが、流れ込んでくる。

そう、誰もみんな、生きている。
懸命に。

愛しく。

大切にされない命なんて、あっていいはずがないんだ。

私は決めた。

「夢を見よう」

そして、

「その夢を、実現させよう」

和美さんの車が、とっぷりと暮れた夜の道路に消えていく。

空には月。

足元には、草。

秋の虫たちの優しい歌声。

家のドアを開けると、駆けつけてくれる猫。

大の字で床に転がると、まだ興奮冷めやらぬ気持ちで、笑われるかもしれない途方もなく大きな夢を想像した。

もう、大丈夫。

私たちは皆、ひとりぼっちじゃ、ないから——。

この本では、登場人物が特定できないよう、一部を仮名とし、事実関係を変えた箇所があります。

話しづらいことも打ち明けてくださった皆さんに、心から感謝いたします。

また、同じ志で出版にあたってくださった編集の岡田雅さん、愛らしい写真を撮ってくれた夫のカジ、推敲作業を手伝ってくれた、つちびと作家の母、可南さん、そして素敵なデザインに仕上げていただいたヒキラボの皆さん、ありがとうございました。

そして、あなたが、この本を手に取ってくださったことを、何よりしあわせに思います。

この世界から、疎外される命がなくなることを祈って。

咲セリ

1979年生まれ。生きづらさを抱えながら生きていたところを、不治の病を抱える猫と出会い、「命は生きているだけで愛おしい」というメッセージを受け取る。

以来、NHK 福祉番組に出演したり、全国で講演活動をしたり、生きづらさと猫の本を出版する。主な著書に「死にたいままで生きています。」（ポプラ社）、「それでも人を信じた猫　黒猫みつきの180日」(KADOKAWA)などがある。

優しい手としっぽ

捨て猫と施設で働く人々のあたたかい奇跡

2020年4月28日　初版発行

著 者　咲セリ
写 真　カジ
編 集　岡田 雅
デザイン　ヒキラボ

発行人　長嶋うつぎ
発行所　株式会社オークラ出版
〒153-0051　東京都目黒区上目黒 1-18-6 NM ビル
[電話] ◎ 03-3792-2411（営業部）
◎ 03-3793-4939（編集部）
印 刷　三松堂株式会社

Printed in Japan

Printed in Japan
ISBN：978-4-7755-2926-3